Tauben

Ein Portrait
von
Karin Schneider

NATURKUNDEN

NATURKUNDEN № 69

herausgegeben von Judith Schalansky
bei Matthes & Seitz Berlin

Inhalt

Kosmopoliten, gute Geister und Überlebenskünstlerinnen

Die Mitteilung, man schreibe ein Buch über Tauben, kommt einem Bekenntnis gleich. Ringt das Gegenüber um eine kultivierte Reaktion, folgt der unvermeidliche Hinweis auf Woody Allen. Der hätte mit »Ratten der Lüfte« doch eigentlich alles gesagt? Oder Georg Kreisler, der vor einem halben Jahrhundert sang: »Gehn wir Taubenvergiften im Park!« Auf solche Reaktionen war ich gefasst – schließlich hatte mich genau diese irrationale Abneigung bewogen, die Tiere näher zu erkunden. Mir waren Tauben nie unsympathisch, und irgendwann wollte ich mehr über diese Vögel wissen und herausfinden, warum sie eine so leidenschaftliche Abwehr hervorrufen. Immerhin war die Taube einst Botin der Liebe und des Friedens und Überbringerin wichtiger Nachrichten gewesen. Sie besetzt die Titelrolle in *La Paloma*, dem wohl meistgesungenen Sehnsuchtslied aller Zeiten, und erschien manchen als der Heilige Geist. Kein anderes Tier symbolisiert so umfassend und weltweit Sanftmut, Liebe und Treue, Heilung, Reinheit und Unschuld. Juden, Christen und Muslime haben diese Zuschreibungen aus viel älteren Religionen übernommen. Aber wie konnte aus den Begleiterinnen der babylonischen Göttin Ischtar, den Beschützerinnen von Semiramis und Aphrodite ein geschmähter Vogel werden, dem die Existenzberechtigung abgesprochen wird? Warum wird ein Tier, das man einst für seine spirituellen und heilenden Kräfte verehrte, heute mit Ekel betrachtet und als Seuchenherd diffa-

Ein weißes Federkleid und befiederte Beine sind Zuchtmerkmale, die sich im Verlauf der Evolution wohl nicht durchgesetzt hätten.

miert? Wie kam es zu diesem Antagonismus, der zu der weitverbreiteten Behauptung führte, Tauben würden lieber in der Gosse nach Dönerresten stöbern, als sich redlich und fleißig wie Rotkehlchen und Blaumeise ihr Futter zu suchen? Warum wurde aus dem Vogel, dessen Schönheit und Anmut man besungen hatte, eine verachtete Kreatur? Warum lassen Brautleute weiße Tauben vor der Kirche fliegen, während sie deren graufedrige Cousinen auf dem Dachfirst abscheulich finden?

Warum grausen sich Menschen vor turtelnden Tauben auf ihrem Balkon, während ihnen bei der eingeschweißten Taube im Delikatessengeschäft das Wasser im Munde zusammenläuft? Fragen, die nur auf den ersten Blick einfach zu beantworten sind. Auf den zweiten Blick führen sie geradewegs zu den Dilemmata des Menschen in der Moderne – seine Unbehaustheit in der von ihm selbst geschaffenen Welt, sein selbst auferlegter Zwang, alles, was einen Platz beansprucht, nach dessen monetärem oder utilitärem Wert zu beurteilen – und schließlich zu der Frage »Wem gehört die Stadt?«, die eigentlich lautet: »Wem gehört die Welt?« Die Antworten offenbaren mehr über die Menschen des globalen Nordens und ihre psychosoziale Verfasstheit als über die Tauben, die sich stets treu blieben und ihre außerordentliche Fähigkeit, neue Herausforderungen zu meistern, und scheinen sie noch so unüberwindbar, immer wieder unter Beweis stellten.

Überraschungen erlebte ich bei meinem Bekenntnis aber auch – die meisten Menschen reagierten erleichtert, nicht abweisend. Erleichtert darüber, jemandem gestehen zu können, was als eine Art obszöne Leidenschaft gilt: Tauben zu mögen.

Ein Bekannter, der eine Taube vor dem Ertrinken aus dem Berliner Landwehrkanal rettete, beschrieb die Gedanken, die ihm zuvor durch den Kopf gegangen waren, als eine Überzeugungsarbeit an sich selbst: Es galt, zunächst etwas zu überwinden, das die Psychologie »kognitiven Geiz« nennt und das meint, unhinterfragt eingeübte Denkmuster zu befolgen. Die Begegnung mit einer Taube löst schnell den Impuls aus: »Iiih, großen Bogen machen!« Weil der Bekannte aber vor allem ein Tier sah, das ums Überleben kämpfte, und er weder kognitiv noch mit Empathie geizen wollte, gelang es ihm, seine Rettungsaktion vor sich selbst zu rechtfertigen, und alle Beteiligten waren glücklich.

Obwohl es weltweit fast 350 Arten gibt, meinen die Menschen, wenn sie von Tauben sprechen, in der Regel die Stadttauben. Bei den bekanntesten aller Columbidae haben wir es mit den wahren Kosmopoliten unter den Vögeln zu tun, die in nahezu allen Städten der Welt anzutreffen sind. Wie nur wenige andere Arten sind sie in der Lage, sich den jeweiligen Lebensräumen anzupassen, und suchen die Nähe der Menschen, die sie einst aus der Felsentaube züchteten. Ja, Stadttauben sind verwilderte Haus- und Brieftauben. Obwohl die Zuchtformen schon Jahrhunderte, sogar Jahrtausende alt sein können, ist *Columba livia* var. *urbanica* ihre Herkunft noch immer anzusehen. Und auch in ihrem Verhalten ist sie ihrer Vorfahrin *Columba livia* treu geblieben, die weit entfernt lebt: auf unzugänglichen Felsen rund ums Mittelmeer, an Atlantikküsten und in Wüstentälern, Wadis, die sich ab und an mit Wasser füllen.

Die Taube war eines der ersten Haustiere und ist den Menschen seit deren Sesshaftwerdung nahe. Fast 12 000 Jahre lang aßen Menschen die Tauben, düngten die Felder mit ihrem Kot und nutzten ihre Heimatverbundenheit für die schnellste Post, bis es Telegrafen gab. Sie züchteten sie nach ihren Vorstellungen, nahmen sie mit auf Kriegszüge und in Schützengräben und lassen sie bis heute zu Wettflügen antreten. An den fliegenden Tauben erkannte Leonardo da Vinci die Wirkung der Strömungsdynamik auf Tragflächen. Charles Darwin überprüfte an der Haustaube seine Hypothesen zur *Entstehung der*

Lord Lilford zeichnete zwei Felsentauben an einer lieblichen britischen Steilküste. Viel öfter aber lebt und nistet Columba livia *auf nacktem Gestein und muss weit fliegen, bis sie leckeren Klee findet.*

Arten. Es hat trotzdem sehr lange gedauert, bis die Menschen in Grundzügen herausgefunden hatten, wie Tauben nach Hause finden. Noch länger dauerte es, bis sie ihre kognitiven Fähigkeiten erkannten. In manchen Intelligenztests stehen Tauben Primaten in nichts nach.

Sogar das menschliche Bedürfnis, das Eigene im anderen zu erkennen, erfüllt die Taube. Das Schnäbeln von Täubin und Tauber erinnert nicht nur an den Kuss Verliebter, sondern hat denselben Ursprung: die Nahrungsgabe. Es verhalf der Taube zu ihrem lateinischen Namen *columba,* der sich ableitet von *columbari:* schnäbeln, turteln. Die offenkundige Zugewandtheit der Taubenpaare und ihre lebenslangen Partnerschaften machten die Felsentauben und ihre domestizierten Verwandten zum universellen Symbol der Liebe. Die Turteltaube, die mit den ersten warmen Sonnenstrahlen an ihre Brutplätze zurückkehrt, war die Botin von Frühling, Erneuerung und Fruchtbarkeit: In den alten Kulturen Vorderasiens brachte nicht der Storch die Kinder, sondern die Taube.

Aber warum gibt es überhaupt so viele Taubenvögel? Warum sind sie auf den ersten Blick so unterschiedlich, einander im Grunde ihrer Herzen aber doch sehr ähnlich? Warum füttern sie ihre Jungen mit Milch? Warum gibt es so viele Stadttauben – Welten und Tausende Kilometer weit entfernt von ihren wilden Verwandten? Und was ist ein Schwarm oder wie viele sind eine Plage?

Von der Natur des Schwarms, dessen DNA jedes Schwarmwesen in sich trägt, erzählt die Geschichte der Wandertaube, die zugleich eine Lektion über die Fragilität des Daseins ist. Das Schicksal von *Ectopistes migratorius* war ein weiterer Grund, mich mit Tauben zu befassen. Wie konnte es sein, dass einer der häufigsten und ältesten Vögel Nordamerikas binnen weniger Jahre ausgerottet wurde? Anhand ihres Schicksals lässt sich viel über das Wesen der Tauben lernen wie auch über den Umgang des Menschen mit der Natur. Die sehr kurze gemeinsame Geschichte von Wandertauben und Neuamerikanern europäischer Herkunft ist die Blaupause der Ausplünderung und industriellen Ausbeutung unseres Planeten, die bis heute anhält.

Nur ornithologische Zeichnungen und wenige Schwarz-Weiß-Fotografien dokumentieren das Erscheinungsbild der Wandertaube. Auf grobkörnigen Abzügen sieht man verstörte

Vögel in diffusem Licht. Das berühmte Foto von Martha, die 29-jährig im Zoo starb, zeigt einen Vogel, der apathisch auf seinem Ast sitzt und zu wissen scheint, wer er ist: ein Endling, der Letzte seiner Art.

An einem Sonntag im Oktober, ich hatte gerade begonnen, über ein Taubenbuch nachzudenken, besuchte ich eine Veranstaltung im Vogelsaal des Berliner Naturkundemuseums. Noch mehr als die angekündigte Soundperformance interessierte mich der Saal, der normalerweise fürs Publikum geschlossen ist. Seine zahllosen Vitrinen, die sich Gang um Gang aneinanderreihen, enthalten wahrscheinlich Hunderttausende von Vögeln, die in 300 Jahren gesammelt wurden. Seit der vorletzten Jahrhundertwende ist hier so gut wie nichts mehr verändert worden. Dieses Standbild der Naturkunde wollte ich unbedingt sehen. Während Stimmen sich zu einer Klangcollage fügten, streifte ich durch die Gänge, die Glasaugen der Unglücklichen auf mich gerichtet, von deren Inventarisierung sich Naturforscher die Erkenntnis des Lebens versprochen hatten. Plötzlich rissen draußen die Wolken auf, und die letzten Strahlen der Nachmittagssonne fielen auf einen Vogel ein paar Meter vor mir. Er strahlte schier überirdisch in Gold, Blau und Purpurrot – ich war mir sicher, nie einen schöneren Vogel gesehen zu haben. Es war eine Wandertaube.

Sein farbenprächtigeres Gefieder unterscheidet den Wandertauber von der Täubin. John James Audubons Zeichnung ist die berühmteste Abbildung der Vögel.

O-me-me-wog, die blauen Meteore

Unter den Pottawatomie, deren Heimat das Territorium um die großen Seen in Nordamerika war, galt das Sprichwort: »Hätte der Große Geist einen schöneren, eleganteren und gewandteren Vogel als O-me-me-wog erschaffen können, so hat er es nicht getan.« In seinem autobiografischen Roman *Queen of the Woods* beschrieb Simon Pokagon diese »wunderschönen Blumen unter den tierischen Geschöpfen«, die in unvorstellbar großen Schwärmen durch das östliche Nordamerika, von Nova Scotia bis Florida, von den Rocky Mountains bis zur Ostküste zogen. Es konnte vorkommen, dass drei Milliarden Wandertauben in einem Schwarm von 500 Kilometern Länge und 1600 Metern Breite vierzehn Stunden lang über einen Ort hinwegflogen. Der letzte Chief der Pottawatomie, dessen Vater den Neuamerikanern das Land verkaufte, auf dem sich heute Chicago ausbreitet, verbrachte als junger Mann viele Stunden damit, den gewaltigen, majestätischen Strom am Himmel zu betrachten. Wenn sich die Vögel kopfüber mehrere Hundert Meter tief herabfallen ließen und wie eine lebendige Flut in ein Tal ergossen, war es, als fege ein Wirbelwind übers Land. Nicht der größte Wasserfall Amerikas hatte Chief Pokagon in ein solches Staunen, in eine solche Bewunderung versetzen können wie die »blauen Meteore«.

Der Vogelkundler und -zeichner John James Audubon wohnte einem solchen Taubenzug 1813 in Kentucky sogar einmal über drei Tage bei – so lange dauerte es, bis die letzten Tauben an der Mündung des Salt River in den Ohio vorübergezogen waren. Die Luft sei von den Tieren »buchstäblich gefüllt«, das Mittagslicht verdunkelt gewesen. Ihr Herannahen kündigte sich schon lange vor ihrem Erscheinen an. Chief Pokagon hörte das Donnern einer glöckchenbehängten Kavallerie: Die galoppierenden Hufe waren die Flügelschläge, das Bimmeln die Rufe der Wandertauben. Andere beschrieben ihre Laute als glockenhelle Mädchenstimmen, das Quaken des Waldfroschs oder einfach mit »Kuu-kuu«.

Einer der meistgelesenen Romanciers Nordamerikas und ein früher Streiter für die Natur, James Fenimore Cooper, beschreibt einen solchen »TaubenRoost«. Sein Roman *Tausendmorgen. Bilder aus der amerikanischen Vergangenheit II* ist ein Blick zurück in die 1780er-Jahre, als der Brutplatz der Wandertauben erst nach fünfstündigem Fußweg erreicht war. Major Littlepage, der Icherzähler, weiß kaum, wie er »diese erstaunliche Scene beschreiben soll«. Schon rund um den eigentlichen Nistplatz hatten die Wanderer bestimmt tausend Vögel zwischen den Bäumen herumflattern sehen, und »bald war der ganze Wald von ihnen lebendig«. Die Bäume waren über und über bedeckt von Nestern, eines neben dem anderen, oft ohne einen Spalt dazwischen. Gleichwohl herrschte »eine wundersame Ordnung […] unter den hunderttausenden von Familien, die hier versammelt waren«. Jungtauben machten gerade erste Flugversuche und flatterten um die sprachlosen Besucher herum. »Dazu kamen noch die Eltern der jungen Brut, die sie zu beschützen, und so zu führen versuchten, daß ihnen kein Leids geschah.« Langsam gingen der Major und seine Gefähr-

Der Himmel verdunkelte sich nicht mehr, wenn im späten 19. Jahrhundert Wandertauben über Nordamerika zogen. Frank Bond, 1920.

ten weiter, ohne jedoch irgendeinen Aufruhr zu verursachen. Zwar flogen die Tiere auf, wenn die Menschen ihnen zu nahe kamen, doch »jeder Einzelne der gefiederten Menge schien von seinen eignen Geschäften derart in Anspruch genommen, daß er nur wenig Kenntnis nahm von dem Besuch einer Gruppe von Fremden, wenn sie auch einer Gattung angehörten, die der ihrigen normalerweise so furchtbar ist«.

Diese Nichtbeachtung weckte bei Major Littlepage »das Gefühl, wie wenn irgendein unirdischer Einfluss über der Örtlichkeit walte«. Ja, »die Tauben schienen eine Welt für sich zu bilden«, und die kleine Gesellschaft schritt immer weiter, »schweigend, versunken, und voll von Bewunderung der Werke des Schöpfers«. Selbst wenn sie hätten sprechen wollen, sie hätten ihr eigenes Wort nicht verstanden. Deshalb verfolgten sie stumm das Spektakel, bis ein neues Geräusch alles andere übertönte. Was Major Littlepage als ein »Getrampel von Tausenden von Pferden auf einer harten Straße« wahrnahm, steigerte sich zu einem Donnerkrachen über ihnen. Der Tag verfinsterte sich, und sämtliche Tauben rundherum stürzten aus ihren Nestern. Die Besucher wurden von den Flügelschlägen getroffen, um sie herum drängten sich die Tiere, sie befanden sich unter einer Lawine von Tauben, dem Major strömte »das Blut gewaltsam zum Herzen«. All das dauerte wahrscheinlich nur eine Minute, dann lichtete sich das Dunkel und alle Nester waren wieder besetzt. Die Ablösung hatte stattgefunden. Die Täubinnen waren von ihrer Futtersuche zurückgekehrt, und nun waren die Tauber noch einmal ausgeschwärmt. Die kleine Gruppe aus Major Littlepage, seiner Angebeteten Dus, ihrem Onkel, dem Landvermesser, ihrem Bruder, einer schwarzen Dienerin und dem Indianer Sureflint verbrachte wohl eine Stunde »in dieser VogelStadt« und studierte »das Verhalten der hübschen Tierchen mit [...] Eifer«.

Ectopistes migratorius war eine endemische Art im östlichen Nordamerika, das heißt, es gab sie nirgends sonst. Die Wandertauben waren Nomaden, sie hatten keine festen Standorte, weder zum Nisten noch zum Überwintern. Die kalte Jahreszeit verbrachten sie im Süden, in Arkansas, in Missouri oder auf dem Indian Territory, das heutige Oklahoma. War der Winter mild, blieben die Tauben auch in Illinois. Im Dezember habe man sie noch in der Hudson Bay antreffen können, schrieb der schottisch-US-amerikanische Weber, Hausierer, Lyriker, Gesellschaftskritiker und Naturfreund Alexander Wilson 1812 in seiner *American Ornithology*, kälteempfindlich waren sie also nicht. Ihre Wanderungen, folgerte er daraus, dienten der Futtersuche.

Für gewöhnlich kamen sie in den ersten Märzwochen in den Norden, um in den Wäldern rund um die großen Seen zu nisten. Ein Brutplatz wurde umsichtig ausgewählt, er lag stets im dichtesten Wald. Ihre Nester bauten die Vögel nicht in den mächtigsten Bäumen, sondern in Zedern oder Jungbäumen mit zahlreichen Ästen, damit möglichst viele Paare nebeneinander Platz fanden. Eine große Menge an Mast – Baumfrüchte wie Kastanien, Eicheln und Bucheckern – musste auch vorhanden sein. Außerhalb der Brutzeit rasteten die Wandertauben nur für ein, zwei Nächte an einem Ort.

Chief Pokagon war als Pelzhändler am Oberlauf des Manistee Rivers in Michigan unterwegs, als er eines Morgens im Mai 1850 gerade rechtzeitig aus seinem Wigwam trat, um das Eintreffen von Millionen von Tauben zu erleben. Wie eine Wolke schoben sie sich durch die Bäume, durch die Büsche, über den Grund und besetzten buchstäblich jedes Blatt und den sprachlosen Beobachter. Pokagon hatte sich immer gewünscht, dieses Wunder der Natur aus der Nähe zu erleben, so nahm er Platz in diesem vielstimmigen Tumult und blieb. Den ganzen ersten Tag über zogen unaufhörlich weitere Tauben über ihn hinweg, denn rundherum war schon jeder Zentimeter von turtelnden Paaren besetzt. Nach drei Tagen wurde ihr angeregtes Geplauder von Geschäftigkeit abgelöst: Ein paar dürre Zweiglein lagen nun auf jedem Platz, und am nächsten Morgen fand sich in allen Nestern ein weißes Ei.

Diese Ansicht war 1895 schon ein Blick in die Vergangenheit. Fünf Jahre später wurde die letzte frei lebende Wandertaube vom Himmel geholt.

Das Brüten folgte einem genauen Zeitplan: Wenn die Tauber zwischen neun und zehn Uhr von ihrem Frühstück zurückkehrten, lösten sie die Täubinnen ab, die bis drei Uhr nachmittags auf Futtersuche gingen. Sie übernahmen die Hauptlast des Brütens, wurden aber von ihren Partnern, die bis Sonnenuntergang für ein zweites Mahl unterwegs waren, liebevoll gefüttert. Die Ablösung erfolgte stets durch ein Tippen auf die Schwanzfedern, ohne dieses Signal wich kein Elternteil vom Nest. Nach elf Tagen schlüpften die Jungen. Eine Woche später flog dann auch die Mutter wieder aus, sobald es hell war. Waren die Nestlinge dreizehn Tage alt, brachen die Eltern auf, um an einem anderen Ort erneut zu nisten. Je nach Nahrungsangebot hatten sie in einer Saison mindestens zwei Junge.

Wenn sie ihren Nachwuchs zurückließen, hatten sie alles getan, um ihm einen sicheren Start ins Leben zu ermöglichen. Beide Eltern fütterten ihr Küken mit Kropfmilch. Kurz bevor es fliegen konnte, bekam es das, was auch die erwachsenen Tauben fraßen, nur viel mehr: Die Eltern mästeten ihr Junges, bis sein Kropf größer war als der Körper. Dann wurden die fettgepolsterten Täubchen aus den Nestern vertrieben, damit sie lernten, allein zurechtzukommen. Um sicherzugehen, dass die jungen Tiere nicht hungern mussten, wenn die Reserven aufgezehrt waren, hatten die Alten die Mast rund um den Brutplatz nicht angerührt, sondern waren zur Futtersuche bis zu hundert Meilen weit ausgeschwärmt. Wenn die Eltern aufbrachen, waren die Täubchen noch nicht ganz auf sich allein gestellt, sondern blieben in der Obhut einiger erfahrener Tiere zurück. Wandertauben erreichten ein hohes Alter, in Gefangenschaft wurden sie nicht selten 25 Jahre alt.

Auch »jede verlassene Waise findet leicht Stiefeltern«, die sie »liebevoll« füttern, ergänzte Charles L. Mann, ein Mitglied des Naturhistorischen Vereins von Wisconsin in Milwaukee, die vielen Details von Chief Pokagons Schilderung. »Ein Beobachter will gesehen haben, wie ein Weibchen hintereinander 7 Junge mit einer Füllung ihres Kropfes fütterte. Völlig erwachsene Junge erbarmen sich sogar manchmal ihrer noch hülflosen Vettern.«

Landeten die Wandertauben auf einem Feld – besonders gern mochten sie Buchweizen, aber auch Mais, Weizen und Hafer schmeckten ihnen –, formierten sie sich zu einer langen Reihe und pickten alles auf, was ihnen vor die Schnäbel kam. Weil die Nachkommenden auch noch etwas abbekommen wollten, landeten sie vor der Vorhut, wurden alsbald von anderen Vögeln an der Spitze wieder abgelöst, bis der Schwarm sich dahinbewegte wie eine riesige wirbelnde, klingelnde Walze.

Für die Farmer war es eine Katastrophe, wenn die Tiere auf ihren Feldern landeten. Der Bischof von Quebec exkommunizierte die Erntespezialistinnen sogar. Doch konnte sich ein Farmer damit trösten, dass er eine solche Heimsuchung kaum noch einmal erleben würde, wahrscheinlich noch nicht mal seine Kinder, denn die Tauben bewegten sich auf immer neuen, unkalkulierbaren Routen, und auch die Brutgebiete lagen immer wieder an anderen Orten. Wenn sie überhaupt einen Brutplatz ein zweites Mal aufsuchten, konnten Jahrzehnte bis dahin vergehen. So lange lebte kein Feind, und das war der einzige Schutz für die wehrlosen Jungtiere. Weil ihre Routen nicht berechenbar waren, konnten Fressfeinde nicht auf sie zählen und wuchsen nirgends zu bedrohlichen Populationen heran.

Bevor die europäischen Siedler die Wälder Nordamerikas abholzten, fanden die Wandertauben dort ihr Futter: Neben Bucheckern, Eicheln und Kastanien mochten sie Brombeeren, Erdbeeren und Heidelbeeren, im Winter oder in nahrungsarmen Zeiten nahmen sie mit Knospen oder Wacholderbeeren vorlieb, und zur Brutzeit fraßen sie auch Schnecken und Würmer, am liebsten proteinreiche Regenwürmer. Dass die Vögel Kastanien schlucken konnten, die in Relation zu ihrem Körper riesig waren, verdankten sie der extremen Elastizität ihrer Schnabelöffnung und der Kehle. Wichtig war der Zugang zu Wasser. Alle Tauben trinken viel. Die Gebiete um die großen Seen waren daher ideal für die Wandertauben. Ein weiterer Pluspunkt des Nordens war, dass verlässlich Schnee fiel, der mit seiner dichten Decke die Früchte des Waldes über den Winter konservierte und vor ortsansässigen Nahrungskonkurrenten wie Hirschen, Eichhörnchen und Truthühnern verbarg, bis die Tauben mit der Schneeschmelze eintrafen.

Ihre Nester wurden schon immer geplündert, von sämtlichen Waldbewohnern, die sie erreichen konnten, und auch von den Menschen. Zu Tausenden wurden die Küken geräuchert und getrocknet, aus ihrem Fett wurde eine feine Butter gemacht, die lange haltbar war, berichtete Chief Pokagon. Angenommen, in einem Schwarm von 3,5 Milliarden Tieren, in dem sich eine Milliarde Brutpaare zusammenfanden, wären in dreieinhalb Wochen etwa 100 Millionen Eier und Jungvögel einer schier unvorstellbaren Menge von Nestplünderern zum Opfer gefallen, hätten dennoch 90 Prozent der Jungvögel überlebt und selbst die ärgsten Fressfeinde den Fortbestand der Art nicht gefährden können.

Das drei Meter breite Gemälde ist eines von vielen, mit denen der naturliebende Einsiedler Lewis Cross immer wieder an die Auslöschung der Wandertauben gemahnte. Als Modell diente ihm stets ein Tier, das er selbst präpariert hatte.

Weil es keine archäologischen Funde von Taubenknochen aus präkolumbischer Zeit gibt, liegt die Vermutung nahe, dass Tauben nicht regelmäßig in größeren Mengen verspeist wurden. Doch Grabungen konzentrieren sich in der Regel auf alte Siedlungsplätze, und Chief Pokagon berichtete, dass Indianer ihr Lager in der Nähe eines Brutplatzes aufschlugen, um an Ort und Stelle dieses Geschenk des Himmels mit Festmahlen zu feiern und zur Bevorratung zu verarbeiten. Die archäologischen Schlussfolgerungen belegen seine Aussage, dass die erwachsenen Wandertauben nicht gejagt wurden, bis die Europäer kamen. Die Neuamerikaner schafften es in den drei Jahrzehnten zwischen 1870 und 1900, diese Art auszurotten. Die letzte frei lebende Wandertaube wurde am 24. März 1900 von einem Kind geschossen, Martha verstarb am 1. September 1914 im Zoo von Cincinnati. Wie war das möglich?

Als Charles L. Mann 1881 im Jahresbericht des deutschsprachigen Naturhistorischen Vereins von Wisconsin ihre Bejagung dokumentierte, gab es die riesigen Züge nicht mehr. 1876 wurden

> *allein von Shelby Station,* [...] *am Ostufer des Michigansees, über eine Million Tauben nach New-York und Boston verschickt, davon 100 000 von einem einzigen Händler. Wegen der grossen Masse waren die Preise sehr niedrig. Todte Vogel schwankten zwischen 35 und 90 Cents das Dutzend, lebende zwischen 75 Cents und 1,50 Dollar.*

Als die Tauben zwei Jahre später ins westliche Wisconsin kamen, wo es außergewöhnlich viele Eicheln gab, wurden sie

> *durch übermässige Verfolgungen daran verhindert* [... Nester] *zu bauen, und zogen nach Inseln am unteren Ende des Lake Pepin,*

> *am Mississippi, wo sie ihre Eier in grossen Massen auf den Sand und ebenen Boden legten. Hier wurden sie ebenfalls vertrieben, bis* [ein Teilschwarm] *auf Pine Island, in Minnesota, in der Nähe von Casson, in niedrigern Wald nisten konnte*[n]. *Todt brachten sie von 1–1,80 Dollars, lebend von 1–2,25 Dollars.*

Es hatte nun offenbar schon deutlich weniger Vögel als zwei Jahre zuvor gegeben, die Preise waren gestiegen.

1879 machten sich die Tauben aus Missouri wieder auf den Weg nach Michigan. Obwohl sie mit dem Nestbau schon begonnen hatten, besannen sie sich eines anderen und flogen nach Petoskcy,

> *wo sie zwei Colonien von ungewöhnlichem Umfang bildeten. Diese »Nestlings«* [...] *hatten manchmal bis 60 Nester auf einem Baum. Die Anzahl der in den Handel gekommenen Vögel und der Erlös dafür ist nicht zu bestimmen, würde aber fabelhafte Summen ergeben. Die meisten werden mit Eis in Fässern verpackt und in »Refrigerator cars«, in denen sie eine lange Zeit kalt gehalten werden können, nach den grossen Städten verschickt.*

Der Nistplatz bei Petoskey bedeckte eine Fläche von mehr als 400 Quadratkilometern und war der letzte dieser Art. Nie wieder brüteten Wandertauben in einer großen Kolonie.

Von Petoskey aus wurden allein von einer Firma 480 000 Tauben in 1 000 Fässern verschickt, und in Chicago beobachtete Mann die Ankunft eines Dampfers, der 12 000 lebende Tauben an Deck hatte. »Diese Zahlen repräsentieren aber nur einen ganz kleinen Bruchtheil des Fanges, der von Petoskey aus in den Markt kam und ausserdem wurden noch Tauben in anderen Plätzen verschifft.« So viele, dass die Märkte übersättigt waren und die toten Tiere schließlich fassweise auf dem Müll landeten. Zudem nisteten Wandertauben zur selben Zeit auch in Pennsylvania, wo nicht weniger Tiere gefangen wurden. Die Jagdzeit dauerte an, solange die Tauben da waren.

Weil sie keine Zeit zu verlieren hatten, fällten die Taubenfänger, »auf Englisch ›Netters‹ genannt«, die Bäume, auf denen die Vögel zu Tausenden saßen und auf denen sich die Nester befanden. Ein fallender Baum riss oft auch noch den nächsten mit. Sie stießen die flugunfähigen Jungen mit Stangen aus den Nestern. Sie betäubten die Tiere, indem sie Schwefel verbrannten, um die bewusstlosen Tauben unter den Bäumen einsammeln zu können. Sie erschlugen und erwürgten sie, den Küken rissen sie bei lebendigem Leib den Kopf ab. Sie benutzten angebundene Locktauben, nähten gefangenen Tauben die Augen zu, damit sie in ihrer Orientierungslosigkeit mit Hilferufen Artgenossen anlockten, die in riesigen Fangnetzen landeten. Sie befüllten Fallen mit Salz und Schwefel, wonach die Tiere während der Brutzeit ganz verrückt waren. Bei ihren Fluchtversuchen verfingen sich die Tauben in den Maschen der Netze. Die Fänger knipsten die Köpfe mit einer Zange von den zappelnden Körpern oder bissen sie einfach ab – Zeit war Geld: Die Netze, die »mit einem Fang bis zu vierhundert Dutzend dieser Thiere erbeutet« haben, mussten schnellstmöglich geleert werden, weitere Tauben drängten immerzu nach. An einem großen Nistplatz töteten die Fänger 1,5 Millionen Vögel, die in den großen Städten gegrillt, geräuchert und gepökelt, als Pastete oder geschmort mit gesalzenem Schweinefleisch schließlich auf den Tellern landeten und mit ihren Federn Matratzen

Kaum jemand suchte die sagenhaften Nistplätze mit der atemlosen Bewunderung J. F. Coopers auf. Holzschnitt in einem Jugendmagazin, 1844.

füllten. Über all die zerfetzten Kadaver, die verstümmelten und sterbenden Tauben, die die Fänger nicht gebrauchen konnten, machten sich die Schweine her, die Farmer zuletzt durch den Wald trieben. Die Flügel und Federn der Tiere füllten meilenweit die Schlammlöcher in den Straßen. Zigtausende Tauben, die in die Netze gegangen waren, dienten in städtischen Jagdclubs als lebendige Zielscheiben.

Mann dokumentierte auch die logistische und personelle Seite des Geschäfts. In den großen Städten hatten die Taubenfänger Treffpunkte und Netzwerke, wo sie sich austauschten. Sie verfügten über Wissen, das in Büchern nicht zu finden war, stellte Mann fest. So waren die Netters überzeugt, dass die Tauben im Herbst Kundschafterinnen aussandten, die nach Brutplätzen für das kommende Jahr Ausschau hielten. Sie ließen sich nämlich stets dort nieder, wo es im Vorjahr überdurchschnittlich viele Baumfrüchte gegeben hatte. In dem Herbst, bevor der riesige Schwarm bei Petoskey nistete, waren dort ungewöhnlich viele Tauben gesichtet worden, vermutlich die Scouts. Je mehr Wälder abgeholzt wurden, desto weniger geeignete Territorien gab es jedoch für die großen Nistplätze und desto leichter war es für ihre Feinde, die verbliebenen potenziellen Ziele zu beobachten.

Im ausgehenden 19. Jahrhundert waren die Tauben nur noch nördlich der Seen einigermaßen sicher. Das war zwei Jahre zuvor beobachtet worden. Da waren die Vögel täglich über den Eriesee in die Umgebung von Cleveland geflogen, um Nahrung zu suchen – kein Problem für *Ectopistes migratorius*, die eine Geschwindigkeit von 100 Stundenkilometern erreichte und mühelos weite Strecken hinter sich brachte: Bei New York wurde eine Wandertaube gefangen, in deren Kropf sich Reiskörner befanden, die nur aus Georgia oder South Carolina stammen konnten. Anhand der Futterverwertung ließ sich errechnen, dass sie 480 bis 650 Kilometer in sechs Stunden geflogen war, was 1,6 Kilometer in der Minute entspricht. Um nach Europa zu kommen, wäre sie weniger als drei Tage unterwegs gewesen, stellte Audubon voller Staunen fest. Und dabei kannten die Tauben sehr genau das Land unter ihnen. War es unfruchtbar, zogen sie in großer Höhe darüber hinweg, andernfalls flogen sie tief, um nach möglichen Futterstellen Ausschau zu halten.

Das Abschlachten der Tauben brachte schließlich Kritik von unerwarteter Seite: Die Michigan Sportsmen Association schaltete sich ein. Die organisierte Jägerschaft hatte in den vergangenen Jahren besorgniserregende Beobachtungen gemacht: Das Wild verschwand zusehends und mit ihm das Jagdvergnügen. Problematisch war die Entwicklung aber auch, weil Wild für die Versorgung der ländlichen Bevölkerung unentbehrlich war. Gleichzeitig, nur viel langsamer, entwickelte sich eine Vorstellung von dem, was heute unter ökologischem Gleichgewicht verstanden wird. Dabei spielte die Erkenntnis eine Rolle, dass Vögel eine wichtige Rolle bei der Eindämmung von Insektenplagen spielten. Der Verband entschied sich schließlich zu einer beispiellosen Aktion: Um in Petoskey das inzwischen verabschiedete Gesetz zum Schutz der Wandertauben durchzusetzen, wurden Hilfssheriff William Fox und R. Fairchild entsandt, Del McLean und Henry B. Roney begleiteten sie.

Über den desillusionierenden Ausgang ihrer Mission berichtete Henry B. Roney, Sekretär der MSA, Musiklehrer und Organist in Saginaw, im Jägermagazin *American Field.* Er wusste auch, warum sie gescheitert waren: Es ging für zu viele Leute um zu viel Geld. Schon ein einfacher Taubenfänger brachte es auf ein Tageseinkommen von zehn bis vierzig Dollar, was 235 bis 940 Dollar heute entspricht. Aber auch ein Ort, in dessen Nachbarschaft ein Brutplatz war, sah goldenen Zeiten entgegen: Krämer, Fassbauer und Spediteure, Zimmervermieter, Schnapsverkäufer und Helfershelfer, jeder, der ein Ochsengespann, einen Pferdewagen, einen Lastenkahn, eine Scheune oder einfach seine Arbeitskraft anzubieten hatte, fieberte dem leicht verdienten Geld entgegen.

Martha, die letzte Wandertaube, sitzt präpariert im Smithsonian National Museum of Natural History.

Roney und seine drei Mitstreiter fanden außer einem alten Waldarbeiter, der sie führte, keine Unterstützer, stattdessen wurden »den Spinnern« Schrotsalven angedroht, wenn sie weiter störten. Ein Bewusstsein für die Gefahr der Auslöschung einer Art bestand schon, als es noch nicht zu spät gewesen wäre, denn die Erinnerungen an den ausgerotteten Riesenalk waren noch frisch und die letzten 10 000 frei lebenden Bisons gerade erschossen worden. In der öffentlichen Meinung existierte das Thema aber nicht, und die Lobby der Taubenfänger war so mächtig, dass sich kein Staatsvertreter gegen sie stellen wollte.

Die »vier gegen 2000« in Petoskey konnten zwar die Ausbeute für einige Tage senken, aber es gab keinen längerfristigen Effekt auf diesen »Krieg gegen die Vögel«. Und das, was als Erfolg vermeldet wurde, war nur eine weitere Fußnote zur düsteren Geschichte des postkolumbischen Amerikas: Die Einzigen, die »in einer wahren Stierhatz« mit Unterstützung des Sheriffs vom Brutplatz verjagt wurden, waren vierhundert Indianer, vermutlich Pottawatomie, wie Chief Pokagon, oder Nishnaabeg. Denn hier wie in allen anderen Landesteilen wurden systematisch die Lebensgrundlagen der Indianer zerstört und ihre Tiere getötet, um sie in die Reservate zu zwingen.

Neben der unbarmherzigen Bejagung gab es noch einen weiteren Umstand, der die rasend schnelle Ausrottung dieser so zahlreichen Art beschleunigte und auf den die Beobachtungen des Taubenverehrers am Manistee River verweisen: Der Wandertauben Heimat war der Schwarm. Er war ihr Leben, er spendete ihnen Schutz und Lebensfreude. Myriaden von Vögeln waren wie ein großer Körper: Versuchte ein Falke, eine Taube zu schlagen, schlossen sie sich noch fester zusammen, kreisten und wanden sich wie ein einziger wilder Strom, um im nächsten Moment herabzustürzen und gleich als Säule wieder heraufzuschießen. Auch wenn der Feind längst vertrieben war, folgten alle Nachfolgenden diesem Flugmuster, als wären sie eins. Wenn die Tauben fraßen, hielten einige Wache, und nahte Gefahr, schlugen sie mit den Flügeln in einem trommelnden Rhythmus, der sofort von allen Tieren aufgenommen wurde, bis sie sich unter Donnergrollen in die Lüfte erhoben.

Die Wandertaube war so gesellig, dass ihr ganzes Dasein auf die Gemeinschaft ausgerichtet war. Immer wieder ist in den Berichten die Rede von der außergewöhnlichen Zärtlichkeit und

Zuneigung der Vogelpaare füreinander und der fürsorglichen Adoption verwaister Jungtiere. Nur im Schwarm wurden die Tauben zu Fortpflanzung und Nestbau animiert. Das Balzen und Gurren der anderen regte eine jede an, es ihnen gleichzutun. Das hieß aber auch: Je kleiner der Schwarm, desto weniger Animation. Wandertauben in Gefangenschaft legten keine Eier.

> *Wahrscheinlich ist ihre einzige Rettung die, dass sie in manchen Jahren in ganz unerreichbarer Ferne brüten, denn die Verheerungen von Seiten des Raubwildes verschwinden gegen die Verfolgungen des Menschen,*

schloss Charles L. Mann seine Dokumentation 1881, die noch im selben Jahr auch das Berliner *Ornithologische Centralblatt* publizierte. Aber diese Ferne gab es nicht mehr, seit Eisenbahnstrecken und Telegrafenleitungen das Land durchzogen.

J. F. Cooper hatte der Bejagung der Wandertauben schon 1823 ein Mahnmal gesetzt. In den *Ansiedlern*, dem Roman, der seinen *Lederstrumpf*-Zyklus eröffnete und im letzten Viertel des 18. Jahrhunderts spielt, bildet der Antagonismus von Mensch und Natur einen zweiten, wenn nicht den wichtigsten Handlungsstrang. So gerät der alte Jäger Natty Bumppo alias Lederstrumpf immer wieder in Konflikt mit den vorrückenden Siedlern, die nach der Revolution den Ort Templeton im Staat New York gründeten, bis er am Ende, nach dem Tod seines Freundes Chingachgook, allein gen Westen in die Wälder flieht.

In Kapitel 22 ist die Ankunft der Wandertauben beschrieben, die das Dorf in ein Jagddelirium versetzt. Der Schwarm, »Mundvorrat genug, um die Armee eines Xerxes für einen Monat verproviantieren zu können, und hinreichend Federn, um

NATURKUNDEN

herausgegeben von Judith Schalansky bei Matthes & Seitz Berlin

Programm 2013–2021

Peter Matthiessen

Der Schneeleopard

[*The Snow Leopard*]

№ 72

Aus dem Englischen von
Stephan Schuhmacher und Maria Csollány
bearbeitet und mit einem Nachwort von
Bernhard Malkmus

352 Seiten, Oktav-Format (14,5 × 22,5 cm),
flexibler Einband, fadengeheftet,
mit farbigem Kopfschnitt und Lesebändchen
€ 38,– (D) / € 39,10 (A)

ISBN 978-3-95757-950-8

Robert Macfarlane

Berge im Kopf

№ 65

280 Seiten, Kleinquart-Format
(17 × 23 cm), € 32,– (D) / € 32,90 (A)

ISBN 978-3-95757-524-1

Edward Abbey

Die Einsamkeit der Wüste

№ 29

344 Seiten, Oktav-Format (14,5 × 22,5 cm),
€ 32,– (D) / € 32,90 (A)

ISBN 978-3-95757-355-1

Tier- und Pflanzenportraits

Ludger Weß

Winzig, zäh und zahlreich

Ein Bakterienatlas

№ 62

Mit Illustrationen von Falk Nordmann

280 Seiten, Kleinoktav-Format (12 × 18 cm), flexibler Einband, fadengeheftet und mit farbigem Kopfschnitt
€ 25,– (D) / € 25,70 (A)

ISBN 978-3-95757-842-6

J. Brandstetter, J. H. Reichholf

Symbiosen

№ 35

298 Seiten, Kleinquart-Format (17 × 23 cm), € 38,– (D) / € 39,10 (A)

ISBN 978-3-95757-366-7

Hugh Raffles

Insektopädie

№ 37

383 Seiten, Kleinquart-Format (17 × 23 cm), € 38,– (D) / € 39,10 (A)

ISBN 978-3-88221-080-4

Annie Dillard

Pilger am Tinker Creek

№ 28

Aus dem Englischen von Karen Nölle
und mit einem Nachwort von
William Deresiewicz

347 Seiten, Klassiker-Format (11,4 × 18,6 cm),
Leinenbroschur, € 22,– (D) / € 22,70 (A)
ISBN 978-3-95757-334-6

Annie Dillard entdeckt noch die kleinste Laus, sie schraubt ihre Überlegungen aber auch in metaphysische Höhen.

SYLVIA STAUDE, FRANKFURTER RUNDSCHAU

William H. Hudson

Müßige Tage in Patagonien

№ 57

Aus dem Englischen von Rainer G. Schmidt

239 Seiten, Klassiker-Format (11,4 × 18,6 cm),
Leinenbroschur, € 22,– (D) / € 22,70 (A)
ISBN 978-3-95757-793-1

Was für ein Genuss gerade in diesen Tagen der Enge, in eine solche Sprache einzutauchen, die einem durch ihre Genauigkeit die Welt so weit macht.

INSA WILKE, ZEIT ONLINE

Zora del Buono
Das Leben der Mächtigen
Reisen zu alten Bäumen
№ 22

147 Seiten, Fotografien
€ 32,– (D) / € 32,90 (A)
ISBN 978-3-95757-165-6

Bernd Heinrich
Leben ohne Ende
Der ewige Kreislauf des Lebendigen
№ 48

203 Seiten, Illustrationen
€ 34,– (D) / € 35,– (A)
ISBN 978-3-95757-618-7

Naturkunden Sachbuch

Richard Mabey
Das Varieté der Pflanzen
Botanik und Fantasie
№ 54

342 Seiten, Illustrationen
€ 38,– (D) / € 39,10 (A)
ISBN 978-3-95757-695-8

Isabel Kranz
Sprechende Blumen
Ein ABC der Pflanzensprache
№ 11

174 Seiten, Illustrationen
€ 32,– (D) / € 32,90 (A)
ISBN 978-3-88221-935-7

Karin Schneider

Tauben

Ein Portrait

№ 69

160 Seiten, mit zahlreichen farbigen Abbildungen, Kleinoktav-Format (12 × 18 cm), flexibler Einband, fadengeheftet, mit farbigem Kopfschnitt
€ 20,– (D) / € 20,60 (A)

ISBN 978-3-7518-0204-8

Wo es Stadt gibt, da gibt es auch Stadttauben. Und wo es Stadttauben gibt, da gibt es auch Widerstand.

FAHIM AMIR

Marc Engelhardt

Baobab

Ein Portrait

№ 61

144 Seiten, mit zahlreichen farbigen Abbildungen, Kleinoktav-Format (12 × 18 cm), flexibler Einband, fadengeheftet, mit farbigem Kopfschnitt
€ 20,– (D) / € 20,60 (A)

ISBN 978-3-7518-0205-5

Afrika ist dort, wo die Baobabs sind.

EMIL HOLUB

Gilbert White

Selborne und seine Naturgeschichte

[*The Natural History of Selborne*]

№ 74

Aus dem Englischen und mit einem Nachwort von Esther Kinsky

circa 350 Seiten, Oktav-Format (14,5 × 22,5 cm), flexibler Einband, fadengeheftet, mit farbigem Kopfschnitt und Lesebändchen
€ 38,– (D) / € 39,10 (A)

ISBN 978-3-7518-0206-2

J. A. Baker

Der Wanderfalke

№ 10

218 Seiten, Oktav-Format
(14,5 × 22,5 cm), 30,– (D) / € 30,90 (A)
ISBN 978-3-88221-393-5

Peter Krauss

Singt der Vogel, ruft er oder schlägt er?

№ 33

224 Seiten, Kleinoktav-Format
(12 × 18 cm), € 25,– (D) / € 25,70 (A)
ISBN 978-3-95757-393-3

John Muir

Yosemite

[*The Yosemite*]

№ 71

Aus dem Englischen von Jens Lindenlaub
mit einem Vorwort von Mordecai Ogada

circa 140 Seiten, Oktav-Format (14,5 × 22,5 cm),
flexibler Einband, fadengeheftet,
mit farbigem Kopfschnitt
€ 25,– (D) / € 25,50 (A)

ISBN 978-3-95757-877-8

Der Klassiker des Gründers der amerikanischen Nationalparks in erster deutscher Übersetzung.

Aldo Leopold

Ein Jahr im Sand County

№ 58

258 Seiten, Oktav-Format
(14,5 × 22,5 cm), € 34,– (D) / € 35,– (A)
ISBN 978-3-95757-682-8

John Muir

Die Berge Kaliforniens

№ 2

352 Seiten, Oktav-Format
(14,5 × 22,5 cm), € 34,– (D) / € 35,– (A)
ISBN 978-3-88221-050-7

Wilhelm Lehmann
Bukolisches Tagebuch
№ 34

292 Seiten,
€ 22,– (D) / € 22,70 (A)
ISBN 978-3-95757-385-8

Rudolf Borchardt
Der Deutsche in der Landschaft
№ 42

552 Seiten, Illustrationen
€ 25,– (D) / € 25,60 (A)
ISBN 978-3-95757-529-6

In Leinen gebundene und sorgsam ausgestattete Taschenausgaben der Klassiker des Nature Writing

Alma de l'Aigle
Ein Garten
№ 52

228 Seiten,
€ 22,– (D) / € 22,70 (A)
ISBN 978-3-95757-698-9

Hanns Cibulka
Sanddornzeit
№ 64

88 Seiten, Illustrationen
€ 20,– (D) / € 20,60 (A)
ISBN 978-3-95757-864-8

Jan Röhnert
Vom Gehen im Karst
№ 73

184 Seiten, Oktav-Format (14,5 × 22,5 cm),
flexibler Einband, fadengeheftet,
mit farbigem Kopfschnitt
€ 28,– (D) / € 28,80 (A)

ISBN 978-3-7518-0203-1

Wie kann man die Faszination erklären, die von Steinformationen ausgeht? Wie kann man vom Karst sprechen, der doch eigentlich durch Lücken, Löcher und Leerstellen besticht?

Robert Macfarlane
Karte der Wildnis
№ 18

303 Seiten, Oktav-Format
(14,5 × 22,5 cm), € 34,– (D) / € 35,– (A)
ISBN 978-3-95757-101-4

Jessica J. Lee
Zwei Bäume machen einen Wald
№ 68

216 Seiten, Oktav-Format
(14,5 × 22,5 cm), € 28,– (D) / € 28,80 (A)
ISBN 978-3-95757-961-4

In den NATURKUNDEN erscheinen Bücher, die von der Natur erzählen, von Tieren und Pflanzen, von Pilzen und Menschen, von Landschaften, Steinen und Himmelskörpern, von belebter und unbelebter, fremder und vertrauter Natur.

Der Name der Reihe ist Programm: Hier wird keine bloße Wissenschaft betrieben, sondern die leidenschaftliche Erforschung der Welt: kundig, anschaulich und im Bewusstsein, dass sie dabei vor allem vom Menschen erzählt – und von seinem Blick auf eine Natur, die ihn selbst mit einschließt.

Jedes Buch in dieser Reihe wird, ungeachtet seiner Gattung, eine eigene Kunde von der Natur formulieren und dabei so aufwendig, vielgestaltig und schön werden, wie die Natur ihrer Gegenstände es fordert: bebildert, in historischen Formaten gebunden, fadengeheftet und mit Frontispiz sowie farbigem Kopfschnitt versehen.

So feiern die NATURKUNDEN nicht zuletzt die unnachahmlichen und mannigfaltigen Möglichkeiten einer lebendigen Buchkultur.

Matthes & Seitz Berlin
Verlagsgesellschaft mbH
Göhrener Straße 7
D-10437 Berlin

Tel. +49 (0)30 / 44 32 74 03

info@matthes-seitz-berlin.de
www.matthes-seitz-berlin.de

Ermöglicht durch
Jan Szlovak, Hamburg

Satz und Gestaltung
Pauline Altmann und
Judith Schalansky

Alle Angaben ohne Gewähr.
Änderungen vorbehalten.

Gerne halten wir Sie auf dem Laufenden über die neuen Bücher der NATURKUNDEN. Anfragen zu Lieferbarkeit, Subskriptionsmöglichkeiten und die kommenden Bücher richten Sie bitte an:
vertrieb@naturkunden.de

War die einsame Martha dem Zoopublikum zu langweilig, wurden Steine gegen ihre Voliere geworfen.

die Betten des ganzen Bezirks zu füllen«, wurde mit allem beschossen, was zur Hand war. Lederstrumpfs Hunde

> *schnupperten* [...] *nach den toten oder verwundeten Vögeln, die herunterzustürzen anfingen, und kauerten sich dann zu den Füßen ihres Herrn, als ob sie seine Gefühle über dieses verschwenderische und unweidmännische Verfahren teilten.* [Er wollte] *keines von diesen harmlosen Tieren anrühren, die hier den Boden bedecken und mit ihren Augen so kläglich zu* [ihm] *aufsehen, als fehlte ihnen bloß die Zunge, um ihre Gedanken auszusprechen.* [...] *Der Herr wird nicht geduldig zusehen, wenn man seine Geschöpfe für nichts und wieder nichts mordet; und diesen Tauben wird ihr Recht widerfahren wie auch noch manchen anderen.*

Dafür musste er sich als »alter Strohhalm« und »saftloser Stumpf« beschimpfen lassen, doch bei Richter Temple hatte er Eindruck hinterlassen, der setzte dem Treiben ein Ende:

> [...] *mir geht es wie Lederstrumpf: wohin ich schaue, sehe ich nichts als die Augen der unschuldigen Opfer, die entsetzt ihre Köpfe in die Höhe strecken. Mehr als die Hälfte der Gefallenen ist noch am Leben, und ich glaube, es ist Zeit, der Belustigung ein Ende zu machen, wenn es überhaupt eine Belustigung ist.*

Er lobte »sechs Pence für das Hundert Taubenköpfe« aus und verließ den Schauplatz

> *mit jener Art von Gefühl* [...], *das wohl schon mancher vor ihm empfunden hat, wenn er, sobald die Aufregung des Augenblicks vorüber ist, die Entdeckung macht, daß er seine Lust nur um den Preis des Unglückes andrer gebüßt hat.*

Als die Tauben aus den Bäumen vertrieben wurden

Heute wissen wir, dass die Wandertaube eine phylogenetische Cousine der Ringeltaube war, das heißt, die beiden Arten sind eng verwandt und haben evolutionär betrachtet dieselben Großeltern. Die verwandtschaftlichen Bande erkennt man erst auf den zweiten und den dritten Blick, aber eins ist sofort klar: Mit der Wandertaube teilt die Ringeltaube ihre Liebe zu Bäumen. Ganz anders die Stadttauben. Ihr distanziertes Verhältnis zu einem Habitat, das der Mensch dem Vogel zuschreibt, bringt ihr oft Kritik ein. Warum sitzt sie nicht im Baum wie alle anderen Vögel, sondern läuft den Menschen im Weg herum und nickt dabei auch noch mit dem Kopf? Warum kann sie ihr Nest nicht auf einer Astgabel bauen, sondern gurrt frech vom Kölner Dom herab? Und wie baut sie überhaupt Nester? Während manche Vögel in dieser Disziplin brillieren, legen Tauben nur ein paar Zweiglein auf einen steinernen Untergrund. All dies führt menschlicherseits zu einer gewissen Herablassung Tauben gegenüber. Dabei ist für eine Hierarchie von besser zu schlechter in der Evolution kein Platz. Was sich nicht bewährt, lässt sie verschwinden. Das wäre vor zwanzig Millionen Jahren beinahe den Tauben passiert.

Damals lebten alle Tauben auf Bäumen. Wie die anderen Baumbewohner, Kuckucke und Racken beispielsweise, hatten sie einen undifferenzierten Körperbau, waren relativ groß und schwer und mit einfachen Beinen und Schnäbeln wenig spezia-

Die beiden Ringeltauben des irischen Wild- und Vogelmalers Charles Collins sind nicht ganz farbecht, aber zweifelsfrei zu erkennen.

lisiert. Sie pickten wie schon die Vögel der Kreidezeit Insekten und andere Wirbellose auf. Doch dann, im Miozän – da hatten die Tauben schon ungefähr vierzig Millionen Jahre beschaulich in den Bäumen gelebt –, drängte plötzlich Konkurrenz in ihre Welt: Die Singvögel kamen.

Singvögel sind kleiner und wendiger. Akrobatisch bewegen sie sich in den kleinsten Verästelungen der Bäume, die große Vögel wie Tauben nicht erreichen können. Die Neuankömmlinge nahmen in der Windeseile von ein paar Millionen Jahren fast den gesamten Planeten in Besitz. Gegen die geschickten Insektenjäger hatten die urtümlichen Vögel keine Chance. Um zu überleben, mussten sie auf andere Nahrungsquellen ausweichen: Früchte, Blätter und Sämereien. Aus den primären Baumvögeln wurden Frucht- und Feldtauben. Für ihren Nachwuchs brauchten sie aber weiterhin die proteinreiche Kost, die ihnen nun vor den Schnäbeln weggeschnappt wurde. Irgendwann in jenen Jahren, in denen sich ihre Welt so grundlegend veränderte, begannen sie aus den stärkereichen Sämereien die Kropfmilch zu bilden, mit der Täubin und Tauber ihre Jungen füttern.

Der nicht minder verzweifelte Kuckuck fand eine Nische, indem er fraß, was alle anderen Vögel verschmähten: dicht behaarte Raupen und giftige Schmetterlinge. Seine Jungen konnte er damit nicht ernähren, deshalb legte er seine Eier fortan in die Nester derjenigen, die seine Not verursacht hatten. Viele Millionen Jahre später hat der Kuckuck die Brutpflege verlernt. An seine unverträgliche Kost hat er sich zwar bewunderungswürdig angepasst, aber nie gewöhnt: Er freut sich noch immer über weiche Leckerbissen.

Die Invasion der Singvögel und die erzwungene neue Nahrungsökologie machten die Frucht- und Feldtauben zu Spezialistinnen. Nach den Papageien und den Kolibris gehören die Tauben zu den artenreichsten Familien der Vogelwelt und bilden die Ordnung der Columbiformes. Je nach Kategorisierung existieren 318 bis 344 Arten in 43 bis 49 Gattungen, die so vielgestaltig sind wie ihre Habitate. Dreizehn Arten sowie sechs Unterarten wurden ausgerottet.

Auch wenn Columbiformes uns als spatzengroße Zwergtäubchen (*Columbina minuta*) oder als Fächertaube (*Goura victoria*) in Uhugröße begegnen können, in Straßenschluchten wie in unberührten Regenwäldern, ihr Gefieder pink, gepunktet oder langfedrig sein kann, so sind die zentralen Merkmale des Taubeseins allen gemeinsam: Geselligkeit, lebenslange Partnerschaften, ein unambitionierter Nestbau, Gelege mit einem Ei bei Fruchttauben und zwei Eiern bei Feldtauben, das Füttern der Jungen mit Kropfmilch, eine vogeluntypische Technik, zu trinken – sie stecken den Schnabel ins Wasser und saugen es an –, ein geringer oder gar kein Geschlechtsdimorphismus – das heißt, Täubin und Tauber unterscheiden sich kaum – und ihr Körperbau: Tauben haben einen kleinen Kopf, einen kurzen Hals und einen großen, rundlichen Körper, rote Beine und Füße, ein festes, leicht gepudert anmutendes Gefieder mit langen Deckfedern, schillernde Hälse und einen grauen oder schwarzen leicht gebogenen Schnabel mit einer gewölbten weißen Wachshaut.

Natürlich gibt es auch bei den Tauben zu jeder Regel eine Ausnahme: Die Täubinnen von Zimttaube (*Columba larvata*) und Weinroter Turteltaube (*Streptopelia tranquebarica*) unterscheiden sich bis zur Unkenntlichkeit von den namengebenden Taubern. Die mexikanische Socorrotaube (*Zenaida graysoni*) ist so aggressiv, dass sie in Gefangenschaft außerhalb der Paarungszeit mit größeren Hühnervögeln zusammengehalten wird. Turteltauben pflegen Saisonpartnerschaften, die Hälse der afrikanischen Oliventauben schillern nicht, auf Neuguinea fallen Fächertauben (*Goura victoria*) und Erdtauben (*Trugon terrestris*) durch dick gepolsterte Nester auf und *Columba sjostedti* sowie *Columba flavirostris* haben rote Schnäbel.

Unter Geselligkeit und Heimatverbundenheit verstehen auch Tauben nicht immer das Gleiche: Während die einen standorttreu und fest verpartnert hin und wieder in einer kleinen Gruppe zur Futtersuche losziehen, legen andere regelmäßig in Schwärmen von Millionen Tieren kontinentale Wanderungen zurück. Südasiatische Kragentauben leben die meiste Zeit des Jahres als Paar zusammen, um zur Brutzeit in Kolonien auf Inseln vor der Küste zu ziehen.

Seitdem die Singvögel den Tauben ihren Platz streitig machten, verbringen nurmehr die Fruchttauben ihr Leben in den Bäumen, am liebsten in oberen Baumkronen. Oft sind sie so farbenfroh wie die kleine Königsfruchttaube (*Ptilinopus regina*), manchmal aber auch unauffällig wie die Fleckenbauch-Fruchttaube (*Cryptophaps poecilorrhoa*), die von den Ästen, auf denen sie sitzt, kaum zu unterscheiden ist.

In Südostasien leben die meisten Arten, doch viele dieser Frucht- und Erdtauben sind endemisch, das heißt, sie kommen nur in einer Region vor, die häufig eine Insel oder ein Archipel ist, und sind dementsprechend rar. Fruchttauben sind zudem in Australien, auf pazifischen Inseln und in Afrika heimisch. Oft bevorzugen sie ganz spezielle Früchte, die genauso endemisch sind wie sie selbst. Weil sie die Fruchtkerne unverdaut ausscheiden, sorgen sie für die Erhaltung der einheimischen Flora. Doch nicht alle Tauben, die sich von Früchten ernähren, sind Fruchttauben. Grün- und Pompadourtauben (*Treron*) sowie die philippinischen Braunen Fruchttauben (*Phapitreron*) haben Muskelmägen wie Feldtauben. Sie mahlen die Fruchtkerne und verdauen sie, deshalb bilden sie eine eigene Gattung.

Die Festlegungen von Gattungs- und Artzugehörigkeiten sind nicht unveränderlich, denn von vielen Tauben weiß man kaum etwas. Entweder leben sie so abgeschieden oder sind – nur noch – so selten, dass Menschen höchstens einen kurzen Blick auf sie erhaschen. Die Fortentwicklung genetischer Analysemöglichkeiten wird auch in Zukunft noch für Überraschungen sorgen. So ist die Erkenntnis, dass es sich bei dem ausgerotteten Dodo um eine Taube handelte, vergleichsweise neu.

Während echte und unechte Fruchttauben für große Wanderungen, wie sie viele Feldtauben unternehmen, nicht bekannt sind, machte sich ausgerechnet der Dodo, diese riesige flugunfähige Fruchttaube von Mauritius, irgendwann auf eine große Reise. Im mittleren oder späten Eozän – vor ungefähr 42 Millionen Jahren – entwickelten sich Dodo und Kragentaube vermutlich aus einem gemeinsamen Vorfahren. Gut möglich, dass sich der Dodo oder die Dronte, wie er auch genannt wird, irgendwo in der Heimat von *Caloenas nicobarica*, zwischen den Andamanen im Bengalischen Golf und den Salomonen in Melanesien, auf den weiten Weg machte, der ihn auf eine kleine Insel im Indischen Ozean führte.

Die Waalia-Taube ist eine Grüntaube und in den Savannen von Senegal bis Somalia und auf der Arabischen Halbinsel zu Hause. Sie mag am liebsten Feigen.

Vielleicht ist er dort geblieben, weil er keine Feinde antraf. Auf jeden Fall wird er seine Gründe gehabt haben, den Nachteil in Kauf zu nehmen, dass in seiner neuen Heimat nicht rund ums Jahr Früchte reiften. *Raphus cucullatus* durchlief eine erstaunliche Entwicklung zum flugunfähigen Frutarier. Mit den reifen Früchten, die von den Bäumen fielen, futterte der truthahngroße Vogel sich eine Fettreserve an, die ihm über die kommenden kargen Monate half. Um die Zeit des Überflusses voll auszukosten und Energie zu sparen, musste er das Fliegen aufgeben und am Boden bleiben, wo er auch brütete.

Die Flügel waren nur noch kurze Stummel, drei kleine Federn sein Schwanz. Der gelbgrüne Schnabel war groß, breit und nach unten gebogen, sein Gefieder soll graublau gewesen sein. Zuverlässige Abbildungen gibt es nicht. 1598 nahmen die Niederländer seine Heimat in Besitz und nannten sie Mauritius. Der Dodo kam stets neugierig herbeigelaufen, wenn er etwas Interessantes sah. Angst kannte er nicht, denn er hatte nie eine Bedrohung erlebt, auch nicht durch Menschen. Arabischen und malaiischen Seefahrern war er schon öfter begegnet, auch Portugiesen. Doch nun wurde ihm sein freundliches Wesen zum Verhängnis und 64 Jahre nach der ersten Begegnung mit den Niederländern der Letzte seiner Art getötet. Warum, ist schwer zu erklären: Ihr Fleisch soll ungenießbar gewesen sein, und auch sonst gab es keinen Grund, die arglosen, zutraulichen Vögel zu töten, »die große sanfte Taube […] wurde nur zum Zeitvertreib totgeprügelt«, folgerte Douglas Adams, als er sich nach seiner Reise *Per Anhalter durch die Galaxis* der Letzten ihrer Art auf dem Planeten Erde annahm. Des Dodos Nester mit jeweils einem großen gelben Ei wurden von invasiven Europäern geplündert: Ratten, Schweinen, Seeleuten.

In Thomas Pynchons *Enden der Parabel* gleitet ein Frans Van der Groov in den Wahnsinn, während er

> *dreizehn Jahre damit verlor,* […] *durch die Ebenholzwälder, das Sietland und die Lavafelder zu streifen und planmäßig die* […] *Dronten auszurotten, aus Gründen, die er sich selbst nicht zu erklären vermochte.*

Niederländer, die Dodos erschlagen, Walter Paget, 1914.

Monatelang zog der niederländische Schweineimporteur allein über die Insel, während er eine »federstiebende Unsäglichkeit« nach der anderen auslöschte. Einen ganzen Tag lang verbrachte er mit seinem »eisernen Drachen« vor dem Nest eines Dodos, »um das Küken zu vernichten […] im ersten Augenblick des atemlosen Schauens«.

Diesen Vernichtungswillen erklärte Pynchon als Ausgeburt religiösen Wahns: »War Mauritius das Gift, das die schützenden Dämme der Erde unterspülen würde?« War der Vogel nicht »ein fleischgewordenes Widerwort zu Gottes Schöpfungsplan«? Der Umstand, dass die Fauna in all den gerade entdeckten Weltengegenden mit ihrer Heiligen Schrift nicht in Deckung zu bringen war, machte einigen Christen zu schaffen. Wie konnte es sein, dass es Tiere gab, von denen in der Bibel keine Rede war? Dass es sich bei den Taino, den ersten Amerikanern, denen Kolumbus begegnet war, tatsächlich um Menschen handelte, mochten die Spanier anfangs auch nicht glauben. Der Charakter des Van der Groov, der seinen Feldzug als einen »Akt der Frömmigkeit« sah, um dem »Wirken des Leibhaftigen« entgegenzutreten, wäre ihnen vertraut gewesen. Dabei waren auch diese niederländischen Glücksritter nur »ein wütender Haufen von Verlierern, die eine göttlich auserwählte Rasse spielten«.

Das Schicksal des Dodos entriss Thomas Pynchon 1973 mit den *Enden der Parabel* der Vergessenheit. Seine Premiere in der Weltliteratur hatte der Dodo allerdings schon 1865 als etwas umständlicher, aber lebenskluger und gutmütiger Vogel in Lewis Carrolls *Alice im Wunderland.* Vom tatsächlichen Schicksal des Vogels ist in dem Kinderbuch gleichwohl keine Rede. Und auch hundert Jahre später war es offenbar kein Thema, sonst hätte Christian Enzensberger in seiner Übersetzung den Dodo nicht einfach als Brachvogel auftreten lassen.

Möglicherweise hatte der Dodo sogar schnell gelernt, sich vor Menschen in Sicherheit zu bringen. Doch innerhalb weniger Jahre gab es keinen Ort mehr, an dem die großen Vögel sich und ihre Nester hätten verbergen können. Die feuchten Bergwälder von Mauritius wurden wegen des wertvollen Nutzholzes im Nu gerodet. Besonders auf das schwarze Ebenholz hatten die Europäer es abgesehen. Im Jahr 1710 verließen die Niederländer eine verwüstete Insel, die 1715 Franzosen in Besitz nahmen und Île de France nannten, bis sie 1810 britische Kolonie wurde und wieder Mauritius hieß. 1968 wurde Mauritius unabhängig.

Außer für *Homo sapiens* hat sich die Lage dort für niemanden verbessert. Einige weitere Vogelarten, darunter die Mauritius-Fruchttaube (*Alectroenas nitidissima*), sind ausgerottet worden, viele kämpfen um ihr Überleben. Die einzigen Säugetiere, die es vor der menschlichen Inbesitznahme auf der Insel gab, sind Flughunde, von denen nur noch zwei Arten mit Mühe und Not existieren. 1980 hatten Biologen der Mauritian Wildlife Foundation zwanzig Rosentauben ausgewildert, die sie aus den wenigen Überlebenden dieser Art mühevoll gezüchtet hatten. Jeder dieser bildhübschen 1000-£-Vögel verschwand innerhalb kürzester Zeit in einem Kochtopf, erfuhren Douglas Adams und Mark Carwardine, als sie für ihre BBC-Serie »Last Chance to See« auf Mauritius recherchierten.

Zwar ist die Artenvielfalt der Fruchttauben sehr groß, die Anzahl an Individuen aber ist unter den Feldtauben um ein Viel-

Die dicke Nestpolsterung entspricht eher menschlichen Vorstellungen eines soliden, gemütlichen Heims. Jan Christiaan Sepp, 1770.

faches größer. Feldtauben gehen in offenen Landschaften auf Nahrungssuche, denn dort gibt es die meisten Sämereien. Und Samen finden sich in der Regel auf dem Boden – das erklärt, warum Stadttauben auf Futtersuche zu Fuß unterwegs sind.

Damals, vor 20 Millionen Jahren, gewannen die Tauben mit ihrer Spezialisierung auf Sämereien am Ende sogar einen kleinen Vorteil gegenüber ihren trällernden Konkurrenten: Sie sind weniger witterungsabhängig als Vögel, die sich von Insekten und anderen Wirbellosen ernähren. Und für ihre Jungen haben sie die nahrhafte Kropfmilch. Dieses Turboaufzuchtfutter ist knapp viermal so eiweißreich wie Kuhmilch, hat einen zweieinhalbmal so hohen Fettgehalt und enthält gut doppelt so viel Mineralien. Dieser extrem hohe Nährwert erklärt, warum Feldtauben in der Regel maximal zwei Eier in einem Gelege haben, Fruchttauben sogar nur eins. Mehr Junge könnten die Eltern nicht ernähren, und sie schaffen das auch nur zu zweit, was die enge Paarbindung erklärt.

Tauben sind nicht wehrhaft. Sie haben weder scharfe Schnäbel noch spitze Krallen, um sich zu verteidigen. Den Attacken auf ihre Gelege, die sich bei Rabenvögeln niemand erlauben würde, begegnen Tauben daher pragmatisch. Sie investieren nur das Nötigste in den Nestbau. Haustauben nisten in Tonschalen, Stadttauben nehmen gern leere Blumentöpfe. Ringeltauben beziehen auch mal ein Elsternnest oder einen Eichhörnchenkobel. Was Brehm liederlich erschien, würde ich als klugen Einsatz begrenzter Ressourcen bezeichnen. Das intensive Brüten beginnt erst, wenn nach ein bis zwei Tagen auch das zweite Ei gelegt ist. Wird das Nest geplündert, baut das Taubenpaar anderswo schnell ein neues. Die Eier werden nach einem festen Zeitplan rund um die Uhr von beiden Eltern abwechselnd bebrütet. Von Haus- und Felsentauben weiß man, dass die Täubin von nachmittags bis morgens brütet, um dann auf Futtersuche zu gehen, und der Tauber von morgens bis nachmittags auf dem Gelege sitzt. Genauso hatten es auch die Wandertauben gehalten.

Sind die Umstände günstig, haben die meisten Taubenvögel mehrere Gelege im Jahr, nur die Turteltaube brütet höchstens zweimal. Mehr Zeit hat sie nicht, die einzige Langstreckenzieherin unter den europäischen Tauben ist einfach zu viel unterwegs. Dafür legt sie manchmal drei Eier.

Die Turteltauben, die im Mai in Mitteleuropa eintreffen, haben mindestens zweimal den großen Zug über das Mittelmeer und die Sahara überstanden, sie sind Krankheiten und Jägern entkommen und litten unter den Auswirkungen des globalen Temperaturanstiegs. In ihren Winterquartieren quälen sie neben all dem menschengemachten Elend auch die Folgen eines urdeutschen Vergnügens: Die Grillkohle, für deren Importmenge die Deutschen jeden Sommer den Weltmeistertitel erringen, stand zu ihren Lebzeiten als Baum sehr wahrscheinlich südlich der Sahara, wo ihn Turteltauben, Gartenrotschwänze und Rauchschwalben im Winter nun schmerzlich vermissen.

Obwohl die Turteltauben auf der Roten Liste stehen, werden sie weiterhin bejagt, auch in der EU: in Frankreich, Spanien und Portugal, in Österreich, Italien und Bulgarien, in Griechenland und Rumänien, in Malta und auf Zypern. Auf Zypern, vor allem aber auf Malta gilt die Jagd auf Turteltauben als Folklore, die man sich von den Bürokraten in Brüssel nicht nehmen lassen will. Auf der kleinen Insel, die noch nicht mal halb so groß ist wie Berlin und 500 000 Einwohner:innen hat, sind 10 000 Jäger:innen registriert, deren Treiben fortwährend zu hören ist. Lebende Tiere sieht man auf der Insel nicht. Für

Die unverwechselbaren Turteltauben, John Gould, 1873.

die Turteltauben besteht auf Druck von Naturschutzorganisationen seit 2017 ein Moratorium, doch das bewirkt wenig. Anzeigen geht die Polizei, wenn überhaupt, nur unwillig nach, und die Jäger:innen reagieren nicht zimperlich auf Einmischung.

Gleichwohl registriert BirdLife Malta ein wachsendes Unbehagen unter den Menschen. Immer häufiger werden verletzte Vögel gebracht, und möglicherweise würde sich inzwischen eine Mehrheit gegen die Jagd aussprechen. Gegessen werden die Tiere nämlich kaum noch.

Dass das Tontaubenschießen mal ein Taubenschießen war, liegt nahe. Weil es aber nicht so einfach ist, Flugkünstlerinnen zu treffen, wurden sie an die Spitze eines Mastes gebunden. In Portugal wurden mindestens noch in den 1980er-Jahren die traditionsreichen Meisterschaften des Clube Português de Tiro a Chumbo gepflegt. Den 5000 lebenden Zielscheiben riss man die Schwanzfedern aus, damit sie nicht mehr steuern konnten. Für sein Buch *Pigeons* besuchte Andrew D. Blechman in den 2000er-Jahren undercover einen Live Pigeon Shoot im ländlichen Pennsylvania. Solche Veranstaltungen sind in den USA nicht verboten, protestierende Tierschützer:innen aber schnell vor Ort, daher finden die Veranstaltungen heimlich statt, und Fremde sind unerwünscht. Abgeschossen werden dort diejenigen, die als überflüssig gelten: eingefangene Stadttauben und ausrangierte Zuchttauben.

Zum Thema Jagd ist wahrscheinlich alles gesagt worden; Befürworter und Gegner stehen sich unversöhnlich gegenüber. Dass dieser Graben unüberwindbar bleiben wird, legt der Beitrag »Wüstentauben« im Jägermagazin *Wild und Hund* vom 1. Februar 2017 nahe. Der »passionierte Flintenschütze« Thore Wolf schwärmt von der Turteltaubenjagd in Marokko. Unbehelligt von Jagdgegnern, Vogelschützern und EU-Politik genießt er dort die »herausfordernden Schusssituationen, das permanente Trommelfeuer«, vor allem aber den Anblick der Tauben, die

Auch diese Tauben mussten erst sterben, damit sie der niederländische Pflanzen-, Vogel- und Insektenmaler Rochus van Veen verewigen konnte.

»die Schwingen einklappen« und zu Boden gehen – »ein Erlebnis, wie es schöner nicht sein kann«. Am ersten Tag erschießt der Waidmann 46 Turteltauben, am zweiten 51. Die Laienfreudianerin diagnostiziert hier zu wenig Eros und zu viel Thanatos: Das Bewahren der »wunderschönen Vögel«, in diesem Fall ihre Inbesitznahme, gelingt dem Jäger allein in einem Moment des Stillstands, der nur durch die Zerstörung des Objekts der Begierde zu erreichen ist, oder einfach gesagt: Wir haben es hier mit einem Superspreader toxischer Männlichkeit zu tun.

Kein Wunder, dass Turteltauben jede Nähe zu Menschen vermeiden. In Deutschland lassen sie sich am liebsten auf stillgelegten Truppenübungsplätzen und in Weinbauregionen nieder. Auwälder, Lichtungen und Wiesen, naturnahe Waldränder und Flussufer, wo sie sich zu Hause fühlen, finden sie heute so selten wie Klee, Vogelwicke, Erdrauch und Leimkraut. Deshalb müssen sie sich ihr Futter immer öfter auf Feldern suchen. Damit gelten sie Bauern als Schädlinge und haben wie viele andere Tiere das Problem, nur noch in einem kleinen Zeitfenster vor der Ernte genügend Futter zu finden. Sonst hungern sie, vor allem dann, wenn sie ihre Jungen füttern müssen. Selbst das Wasser wird für die Tauben immer knapper, weil immer mehr Kleingewässer verschwinden.

Der NABU hat 2016 ein internationales Turteltaubenprojekt gestartet. In jedem Frühjahr werden Turteltauben besendert, deren Wege man von ihren europäischen Brutgebieten nach Westafrika und zurück auf dem Blog »Turteltauben auf Reisen« verfolgen kann. Der NABU kooperiert vor Ort mit Nationalparks, Vogelschutzorganisationen und vereinzelt auch mit Bauern.

Im späten Oktober 2020 meldete sich das Turteltaubenprojekt voraussichtlich mit der letzten Nachricht für die Saison. Keiner der besenderten Vögel des Jahres wird sein Winterquartier erreichen. So düster war die Bilanz noch nie: Hope wurde am Tag nach ihrer Besenderung auf Gozo erschossen, Marijas Sender verstummte im Juni über dem Mittelmeer. Virginijus wurde vermutlich Opfer der Herbstjagd auf Zugvögel in Italien, Julia könnte das gleiche Schicksal in Marokko ereilt haben. Francesco, der in diesem Jahr zum dritten Mal auf dem Rückflug in sein Brutgebiet begleitet werden konnte, schickte am 14. August das letzte Signal. Auch über sein Schicksal in Italien lässt sich nur spekulieren. Die leise Hoffnung bleibt, dass nach dreieinhalb Jahren nur sein Sender verstummt ist. Romeo flog die 3000 Kilometer von Südfrankreich bis ins südliche Mauretanien in nur einer Woche. Doch wie Frieda und Taubert aus Hessen scheint er gestrandet zu sein. Viel zu lange schon schicken alle drei Signale aus vegetationslosen und extrem trockenen Gebieten. Weil immer mehr Oasen austrocknen, finden kleine Vögel wie Turteltauben auf ihrem Flug über die Sahara keine Rastplätze mehr, sie verdursten und verhungern. Allein für Melanie besteht noch Hoffnung: Sie wurde 2019 besendert und ist nach Hessen zurückgekehrt. Auf dem diesjährigen Herbstzug schickte sie die letzten schwächer werdenden Signale aus Frankreich. Vielleicht hat nur der Akku aufgegeben und Melanie ist noch am Leben?

Feldtauben haben einen größeren Aktionsradius als Fruchttauben. Weil ihr Nahrungsspektrum Hunderte Sämereien umfasst, ziehen sie dorthin, wo sie ein gutes Nahrungsangebot erwarten. Andererseits ermöglicht erst ihre stärkehaltige Nahrung diese kräftezehrenden Wanderungen. Viele Feldtauben sind hervorragende Flieger, die über 100 Stundenkilometer erreichen können. Schnelligkeit und Ausdauer sind ihr einziger Schutz vor Greifvögeln, die hohe Geschwindigkeiten nicht lange halten können.

Die größten Wanderungen sind von amerikanischen Feldtauben bekannt, genauer von zwei Arten der *Zenaida*, Trauertauben, die so heißen, weil der Mensch ihre Rufe als klagend

Carolinatauber und -täubinnen überwintern zwar oft getrennt, finden aber rechtzeitig zusammen, um mehrmals in einer Saison zu brüten. John James Audubon, 1827–30.

empfindet. Die südamerikanische Ohrflecktaube (*Zenaida auriculata*) legt in Schwärmen von Millionen Tieren gewaltige Strecken zurück. Obwohl sie heftig bejagt wird, soll sie nicht gefährdet sein. Wie anders ist doch das Schicksal der eng verwandten Socorrotaube (*Zenaida graysoni*). Nur noch 150 Individuen dieser Art leben in Zoos und Zuchten, viele davon in Deutschland. Weltweit wird daran gearbeitet, eine neue Population zu züchten und sie auf ihrer namengebenden mexikanischen Heimatinsel auszuwildern. Dort hatten die Menschen und ihre Haustiere, die in den 1950er-Jahren auf die Insel kamen, in weniger als 20 Jahren alle Tauben ausgerottet.

Kurz darauf nahmen die eng verwandten Carolinatauben (*Zenaida macroura*) Socorro in Besitz. Frühere Immigrationsversuche dieser wanderlustigen Tiere waren von den aggressiven Socorrotauben wahrscheinlich abgewehrt worden. Die Carolinataube ist von Kanada bis Mittelamerika und auf den karibischen Inseln stark verbreitet, obwohl auch sie heftig bejagt wird. Verluste von 45 Millionen abgeschossenen Tieren jährlich würde sie durch viele Bruten leicht wieder wettmachen, heißt es. Aber das sagte man auch von der Wandertaube, mit der Carolinatauben manchmal verwechselt wurden, als *Ectopistes migratorius* schon längst vom Erdboden verschwunden war.

Gegen all diese Artgenossinnen mögen sich die Tauben, denen wir in den Städten begegnen, gewöhnlich ausnehmen. Stadttauben gibt es heute fast überall auf der Welt. In Amerika, Australien und Südafrika sind sie die Nachkommen der Haustauben, die während der Kolonisierung von Europäern dorthin gebracht wurden. Ausgerechnet diese standorttreuen Vögel, die nicht das geringste Bedürfnis verspüren, neue Welten zu erobern, sondern immer nur nach Hause wollen, gelten in manchen Teilen der Welt als Symbol des Imperialismus und als Invasoren, die einheimische Arten und Biotope vernichteten. Doch sie verdrängten niemanden – sie besetzten nur Nischen, die entstanden waren, weil andere aufgegeben hatten und sie eine große Anpassungsfähigkeit besitzen.

Arbeiterinnen der Lüfte

Irgendwann, Abermillionen Jahre, nachdem die Tauben die große Prüfung der Evolution bestanden hatten, erschienen Ackerbauern im Universum der Samenspezialistinnen. In den Steppenlandschaften des Fruchtbaren Halbmonds, die sich zwischen Ägypten und Iran erstrecken, sowie im Industal auf dem heutigen Territorium Pakistans hat der Ackerbau seinen Ursprung. Die ersten sesshaften Menschen erkannten vermutlich schon bald, was auch Alfred Brehm beobachtete: der Tauben Nutzen für die Landwirtschaft. Im Kropf einer Haustaube seien 3582 Körner der Vogelwicke gefunden worden, lobte er, sodass »jede Verdächtigung, welche auf sie geschleudert wurde« als widerlegt gelten könne, ja, »daß unser Getreidebau ohne sie arg gefährdet sein würde«.

Tauben gehörten zu den ersten Haustieren der gerade sesshaft Gewordenen. Ihre starke Heimatverbundenheit machte die Domestikation einfach. Auch ohne eingesperrt zu werden, bleiben sie, wo sie sind, wenn es ihnen dort gefällt. Dass sie schmeckten, wussten die Menschen sicher schon vorher, und irgendwann entdeckten sie, dass Taubenmist ein hervorragender Dünger und ein weiterer Grund ist, Tauben zu halten. Das 2. Buch der Könige erzählt, dass »eine Handvoll Taubenmist fünf Silberstücke galt«, als in Samaria während einer Belagerung eine große Hungersnot ausbrach. Auch Jesaja erwähnt schon Tauben, die »nach ihren Schlägen« fliegen.

Die Taubentürme in und um Esfahan waren oft mächtige Bauwerke, in denen die geschätzten Düngerproduzentinnen vor allen Feinden geschützt waren.

Das iranische Esfahan verdankt den legendären Ruf seiner Wassermelonen dem Taubenmist, der einst in 3000 Taubentürmen gesammelt wurde. In der Innenstadt steht wie eine Trutzburg der Mardavij Taubenturm. Das gepflegte Bauwerk hat keine Fenster. So waren die Tauben schon vor Schlangen geschützt, als der *kabutar-khana* noch nicht in einem Kreisverkehr stand. Hinter den dicken Mauern aus der Sassanidenzeit ist es dämmrig und still wie in einer Kathedrale. Und ein bisschen sieht es auch so aus: Acht kleinere Türme sind um ein rundes Kuppelgewölbe herum angeordnet. Labyrinthisch geht es treppauf und treppab im Kreis. Bis nach oben in die Kuppel, wo die Tauben ein- und ausfliegen und Licht und Luft hereinströmen, bestehen die Wände aus sonnengetrockneten Lehmziegeln, die versetzt gemauert wurden, damit sich lauter kleine Nischen ergeben, in denen die Tauben ruhen und nisten. Wahrscheinlich steht der Turm unverändert seit der Wende vom 16. zum 17. Jahrhundert. Nur eine Glühbirne wurde aufgehängt. In der israelischen Ausgrabungsstätte Maresha wurde ein unterirdischer Taubenschlag mit 2 000 solcher Nischen entdeckt.

Wenn die Tauben auch gegessen wurden, dann nicht in großer Zahl. Vielmehr wirken die oft prächtig gestalteten Taubentürme wie zu Ehren der Tiere erbaut. Eine iranische Freundin ist sich sicher, dass Tauben gegen Depressionen helfen. Und ein reich verziertes Taubenhaus war auch Visitenkarte seines Bauherrn. Rund um Esfahan finden sich heute noch einige Hundert Taubentürme, die nach und nach verfallen. Hier und da werden aber auch neue gebaut, denn inzwischen erinnert man sich wieder an die Vorzüge von Taubendung gegenüber künstlichem Dünger.

Bis zu dessen Erfindung war Taubenkot auch in Europa wertvoll. In früheren Zeiten gewann man daraus den Salpeter zur Herstellung von Schwarzpulver und eine Allzwecklauge: Mit ihr wurden Stoffe und Haare gebleicht, Leder gegerbt und besonders fluffige Brötchen gebacken.

Die Bezeichnung Columbarium für die Urnenhallen auf Friedhöfen heißt nichts anderes als Taubenschlag auf Lateinisch. Die platzsparende Unterbringung von Urnen in Nischenwänden wurde von *Columba livia domesticas* Wohnungen inspiriert. In

In den Columbarien fanden auch die weniger begüterten römischen Familien erschwingliche Grabstellen für ihre Angehörigen.

Rom war Platz schon vor 2000 Jahren knapp, die Columbarien boten preisgünstige Grabstätten, und reiche Römer bauten sie für ihre Sklaven, denn als Besitzer mussten sie für deren Bestattung aufkommen. Erst als die katholische Kirche befand, Eingeäscherte könnten nicht auferstehen, und die Feuerbestattung verbot, wurden keine Columbarien mehr erbaut.

Historische Taubentürme lassen sich auch auf der Kykladeninsel Tinos besichtigen. Vom Beginn des 13. Jahrhunderts bis 1715 herrschten dort die Venezianer. Sie hatten Tauben auf die Insel gebracht, um von ihnen ihre Briefe transportieren zu lassen. Die Behausungen der Botentauben wurden so stabil gebaut, dass sie mit ihren Türmchen und Verzierungen noch heute zu den Sehenswürdigkeiten zählen. An den windgeschützten Seiten der weiß verputzten Bauten dienen dreieckige, quadratische und runde Auslassungen im Mauerwerk als Ein- und Ausgänge für die Vögel und lassen Licht und Luft herein. Die Öffnungen sind durch kleine Schieferplatten unterteilt, vermutlich um Eindringlinge abzuhalten. Hunderte dieser Taubentürme stehen über die ganze Insel verteilt. Wichtig war stets eine Wasserstelle in der Nähe. Heute sind nur noch einige bewohnt. Brieftauben gibt es auf Tinos nicht mehr. Die Griechen halten Tauben, um sie zu essen.

Schon sehr früh erkannten die Menschen, wie sie die Ortstreue und das Heimfindevermögen der Felsentauben nutzen konnten. In den Riesenreichen der Antike waren die Tauben Kuriere, mit deren Schnelligkeit und Zuverlässigkeit es niemand aufnehmen konnte. Die Römer brachten Brieftauben nach West- und Mitteleuropa, damit dringende Nachrichten aus den fernen Provinzen unverzüglich Rom erreichten.

Brieftauben werden aus Haustauben gezüchtet. Deren Fortpflanzungsrate ist hoch, sie brüten mehrmals im Jahr. Charles Darwin waren sie daher eine wichtige Hilfe, um seine Überlegungen zur Vererbungslehre zu prüfen. Genauso wie sich ein besonderes Gefieder, Größe und Schnelligkeit züchten lassen, kann das Heimfindevermögen durch Zucht gesteigert werden. Wie effektiv das gelingt, dokumentieren die bewältigten Distanzen: Im 19. Jahrhundert war es eine bemerkenswerte Leistung, wenn eine Taube aus 320 Kilometer Entfernung nach Hause fand, heute sind 600 Kilometer Routine, und gute Renntauben schaffen mühelos den Heimweg über mehr als 1000 Kilometer.

Aber warum besitzen Tauben diese Gabe? Felsentauben nisten in unzugänglichen Felswänden, wo sie zwar vor den meisten Feinden sicher sind, wo aber nichts wächst. Sie müssen weit fliegen, um an Sämereien zu kommen. Damit sie auch aus großer Entfernung wieder zu ihrer Familie finden, brauchen sie einen sehr guten Orientierungssinn. Die Evolution tut das Übrige: Sie begünstigt jene Tiere, die am häufigsten zu ihrem Nest zurückkommen. Genderfragen spielen beim Heimfindevermögen der Tauben keine Rolle. Wie alle anderen ihrer Leistungen ist es geschlechtsunabhängig.

Im Alter von sechs Wochen haben Jungtauben ihren Schlag als ihr Heim verinnerlicht. Auf ihren Erkundungsflügen ziehen sie nach und nach immer weitere Kreise, um ihre Umgebung kennenzulernen, und sie müssen lernen, den Schlag von außen zu erkennen. Tauben orientieren sich an markanten Bauwerken, Flussläufen oder Straßen. Oft werden sie dabei beobachtet, dass sie Autobahnen entlangfliegen. Doch ihre Sinne sind so scharf, dass sie auch den Erdmagnetismus, Bewegungen im Erdinneren, Infraschall, weit entferntes Meeresrauschen und den unverwechselbaren Geruch einer jeden Landschaft wahrnehmen.

Im Oeconomus prudens et legalis*, der 1702 jede praktische Frage des Daseins beantwortete, findet sich auch ein mustergültiger süddeutscher Taubenschlag.*

Wenn eine Taube sich in ihrem Schlag wohlfühlt, ist die Wahrscheinlichkeit groß, dass sie immer wieder zurückkehrt. Das kann aber auch mal ein paar Tage dauern – wenn sie von einem Unwetter überrascht wird oder bei einem Schwarm von Stadttauben rastet und dort eine kleine Liaison eingeht. Für die Abenteuer eines Taubenlebens haben Brieftaubenhalter aber wenig Verständnis, schon gar nicht, wenn es gilt, ein Rennen zu gewinnen. Sie versuchen daher, ihre Tauben so fest wie möglich an den Schlag zu binden. Das funktioniert bei Tauben nicht anders als bei Menschen. Auf Rennen geschickt werden in der Regel verpartnerte Tauben, am besten wenn sie gerade brüten oder Schlüpflinge haben. Besonders wirkungsvoll soll es sein, eine Taube, die seit zehn Tagen brütet, auf die Reise zu schicken, weil sie weiß, dass ihre Jungen bald schlüpfen. Noch schneller legt sie den Weg zurück, wenn man ihr einen frisch geschlüpften Nestling aus einem anderen Gelege kurz unterschiebt, bevor sie zum Startplatz, dem Auflassort, transportiert wird, um ein Rennen über Hunderte von Kilometern zu bestreiten. Verzweifelte Taubeneltern ignorieren Hunger, Durst und Gefahren und liefern Rekorde, etwa 380 Kilometer in drei Stunden – falls sie den Heimatschlag wieder erreichen.

Wüssten sie nicht ihre hilflosen Jungen im Nest, würden sie Unwetter abwarten und unsicheres Terrain umfliegen, auch wenn der Heimweg dann etwas länger dauern würde. Unter unsicherem Terrain verstehen Brieftauben dichte Wälder und offene Landschaften ohne Deckung, wo Falken und Habichte auf die Gunst des Augenblicks warten. Tauben bevorzugen offene Gewässer – auch wenn es dort windiger ist –, denn sie wissen, dass ihre Häscher sich nicht gern auf Opfer herabstürzen, die dicht über einer unruhigen Wasseroberfläche fliegen. Zu groß ist die Gefahr, im Wasser zu landen. Eine gesunde, kräftige Taube, die einen Falken genauso schnell sieht wie der Falke sie, zieht in die Höhe, bis sie über ihm fliegt und er nicht mehr zum Sturzflug ansetzen kann. Auf längerer Strecke kann er es nicht mehr so leicht mit ihr aufnehmen. In einer Sekunde macht sie drei Flügelschläge. Doch all das kostet viel Energie. Auf einem Rennen von 800 Kilometern verliert eine Taube ein Drittel ihres Körpergewichts. Deshalb gibt es in einem Schwarm von Renntauben immer erschöpfte und unerfahrene Tiere, die leichte Beute sind.

Auch bei der Grundlagenforschung zu Bewegungsabläufen halfen Tauben. Étienne-Jules Marey, ein Pionier der Chronografie, nahm um 1888 diese Taube im Flug *auf.*

Einigen Taubenzüchtern reichen diese Beschleunigungsmaßnahmen nicht. Sie erhöhen den Druck, indem sie die Paare nur dann für ein paar Stunden zusammenkommen lassen, wenn sie mit Spitzengeschwindigkeit nach Hause geflogen sind. Für Tiere, die einen Bund fürs Leben schließen, ist das eine weitere Grausamkeit. Diese Witwerschaftsmethode bezeichnen die Züchter auch gern als Schonmethode, weil sie ihren Tieren zwar ein Schäferstündchen gönnen, aber ihnen das anstrengende Brutgeschäft ersparen würden. Und schließlich gewinnt eine Täubin kurz vor der Eiablage keine Rennen. Täubinnen ergeben sich allerdings nicht immer in ihr Witwenschicksal, es kann vorkommen, dass sie sich zu gleichgeschlechtlichen Paaren zusammenschließen. Die sind an Gelegen mit vier Eiern zu erkennen und daran, dass eine Täubin kein Interesse mehr an ihrem Tauber zeigt. Mit diesem Ende einer Paarbeziehung bekommt der Halter gleich die Quittung für seinen Übergriff: Der enttäuschte Ex hat keine große Eile mehr, nach Hause zu kommen.

Doch selbst diese Belohnungsdressur lässt sich noch steigern: Ein Reisetauber wird mit einer Täubin verpartnert und wieder von ihr getrennt. Die Täubin wird mit einem anderen Tauber verpartnert, der idealerweise ein auffälliges Gefieder hat und kampfeslustig ist. Wenn der Reisetauber von einem Rennen zurückkehrt, findet er seine Täubin mit ihrem neuen Gefährten in seiner Zelle vor. Die beiden Tauber kämpfen um die Täubin, bis der Halter den Rivalen entfernt. Nun wiederholt sich diese Situation bei jeder Heimkehr des Reisetaubers. Dessen Höchstleistungen lassen sich noch steigern, indem man ihn vor dem Auflassen einen Blick auf seine Täubin mit dem Rivalen werfen lässt, deshalb soll dieser ein auffälliges Gefieder haben. Ob diese Eifersuchts- oder Henkermethode erfolgreich ist, hängt vom Gemüt des Betrogenen ab. Manche Tauber sind so unglücklich und enttäuscht, dass sie nur noch sehr langsam oder gar nicht mehr zurückkehren.

Auch wenn diese Methode selbst unter Brieftaubenhaltern umstritten ist, lässt sich nicht darüber hinwegsehen, dass den Tieren ihre Rekordleistungen immer abgepresst werden. Deshalb steht der sogenannte Brieftaubensport in der Kritik. Seine Aufnahme ins nationale Immaterielle Kulturerbe wurde abgelehnt. Die Begründung der Deutschen UNESCO-Kommission ist deutlich: Sie hat ethische Bedenken und bezweifelt die Einhaltung der Tierschutzgesetze. Für die Taubensportler, die sich ihrerseits als eine bedrohte Art sehen, war die Entscheidung unverständlich. Die Vereine klagen zudem über zu wenig Nachwuchs und zu viele alte Mitglieder. Bemüht sich der

Die Königsberger Mohrenkopf-Tümmler sind heute als Königsberger Farbenköpfe bekannt. Kaum zu glauben, dass sie zu den Luftakrobaten der Tümmler gehören. Heute legen die Züchter Wert auf Merkmale, die einer fliegenden Taube hinderlich sein könnten.

Verband Deutscher Brieftaubenzüchter deshalb um weibliche Mitglieder? Zum Weltfrauentag 2020 verkündete er die baldige Premiere einer Ladies League. In den Niederlanden gibt es sie schon.

Als ich mit diesem Buch begann, stand für mich fest, dass ich Brieftaubenzüchter besuchen würde. Ich freute mich auf diese Begegnungen und war neugierig, was sie erzählen mochten und ob die Tauben auf meiner Hand sitzen würden. Aber je länger ich mich mit der Zucht und dem Leben von Brieftauben beschäftigte, desto öfter fragte ich mich, worüber ich mit einem Brieftaubensportler sprechen sollte? Über die erfolgreichsten Trainingsmethoden? Die Trophäen bewundern, für die seine Tiere ihr Leben aufs Spiel setzen mussten? Es kam mir so vor, als wollte ich mich mit dem Geschäftsführer eines Schweinemastbetriebs über artgerechte Tierhaltung austauschen. Lag es daran, dass meine zunehmend halbherzigen Kontaktversuche keinen Erfolg hatten?

Vielleicht sollte ich nicht mit einem Brieftaubenzüchter meine Interviews beginnen, sondern mit einem Züchter von Rassetauben, überlegte ich und stattete einem Schlag, in dem Roller gehalten werden, einen Überraschungsbesuch ab. Die Kunstflugtauben haben ihren Ursprung in Vorderasien und kamen zu ihrem Namen, weil sie in der Luft so viele Rückwärtssalti schlagen, dass sie zu rollen scheinen. Auch mit ihnen werden Wettkämpfe veranstaltet, sie kreisen aber in der Regel nur über ihrem Schlag – wenn sie nicht gerade in der Mauser sind wie am Tag meines Besuchs. Ich war ein wenig enttäuscht, denn ich kannte die Kunststücke dieser akrobatischen Tauben nur aus

Youtube-Videos. Als ich anmerkte, dass über uns die Kreuzberger Stadttauben trotz Mauser gut gelaunt ihre Runden drehen, kam schon die große Enttäuschung: Auch der sympathische junge Teetrinker stellt gleich klar, dass seine Tauben von denen da oben himmelweit entfernt seien.

Nun weiß ich immer noch nicht, was ein Brieftaubenhalter denkt, wenn seine Tiere unterwegs sind. Sorgt er sich um sie? Ist er traurig, wenn nicht alle zurückkehren? Oder ist er einfach nur sauer, wenn er keinen Preis gewinnt? Auch Katzen sind Meisterinnen der Heimfindung – aber wer würde seine Katze, genauer: eine Katzenmutter, zu einem Wettbewerb um die schnellste Heimkehr antreten lassen?

Äußerungen wie von Herrn D. in der *taz* machen es der Pressesprecherin seines Verbandes nicht einfacher. Der Berliner Brieftaubenzüchter bekennt in dem Beitrag »Die um ihr Leben fliegen« freimütig: »Die Tauben müssen mir gehorchen«, und zahm sein müssen sie auch, sonst lässt er sie einschläfern. Bei dem Hobby, das wohl nur ältere Herren als Sport bezeichnen, ist es Tradition, im Winter, nach Abschluss der Saison, in den Schlägen kurzen Prozess zu machen. Nur die Besten dürfen weiterleben. Laut der Tierrechtsorganisation PETA ist es gängige Praxis, allen anderen bei vollem Bewusstsein den Kopf abzureißen oder den Hals umzudrehen.

In Nordrhein-Westfalen, einem der beiden Kernländer deutscher Brieftaubenzucht, konnten sich die Brieftaubensportler durchsetzen und fanden ihren Platz als Immaterielles Kulturerbe zwischen Bolzplatzkultur und Haubergswirtschaft. Immerhin waren Brieftauben Paul Julius Reuters wichtigste

Dänische Elstern über den Dächern der Großstadt im vorletzten Jahrhundert. Heute treten sie für ihre Züchter als schwarz, blau und rot geelsterte Dänische Tümmler gegeneinander an.

Mitarbeiterinnen, als er 1850 in Aachen die erste Nachrichtenagentur gründete. Sie handelte mit den neusten Meldungen aus der Pariser Börse. Die telegrafische Verbindung reichte zu diesem Zeitpunkt nur bis Brüssel, was dazu führte, dass im ersten Jahr von dort bis zur deutschen Grenzstadt Tauben die Nachrichten überbrachten. Der Zug war acht Stunden unterwegs, die Tauben schafften die Strecke in zwei Stunden. 1851 war die telegrafische Verbindung zwischen Paris und Aachen lückenlos, und die sogenannten Kurstauben, die einst auch die Verbindung der Londoner Börse zum Kontinent gehalten hatten, wurden nicht mehr gebraucht.

Während die Ursprünge von Reuters visionärer Unternehmensgründung längst vergessen sind, gilt die Brieftaube noch heute als Wappentier der Bergleute. Wo es Kohle gab, gab es auch Brieftauben: im Ruhrgebiet, in Thüringen, im einstigen Oberschlesien, in Nordfrankreich, rund ums belgische Liège und in den britischen Kohlerevieren. Tauben, die über den Bergmannssiedlungen vor rauchenden Schloten kreisen, sind ein ikonisches Bild. Es heißt oft, dass die Kumpel Tauben hielten, weil sie nach der Dunkelheit im Schacht so gern in den blauen Himmel blickten. Für wahrscheinlicher halte ich jedoch, dass die Menschen, die aus Dörfern in die Reviere strömten, auch in ihrer neuen Heimat nicht auf Haustiere verzichten wollten. In den engen Quartieren waren Tauben einfach zu halten, denn auf Dachböden fühlen sie sich wohl.

Tauben waren zunächst billige Fleischquellen, die sich auf Feldern auch mal selbst versorgten und so das Futter sparen halfen. Dass sie als Brieftauben messbare Leistungen lieferten, die sich durch ihre schnelle Vermehrung einfach und günstig potenzieren ließen, machte sie darüber hinaus attraktiv. Wettkampf und Wetteifer, das Warten auf die Heimkehrerinnen, das Auslesen der Konstatieruhren, die unmanipulierbar die Ankunftszeiten der Tauben registrieren, die Siegerinnenehrung und nicht zuletzt das Wetten selbst: All das schuf einen festen, ritualisierten Rahmen für Männergeselligkeit in Vereinen und Lokalen. In den multikulturellen Gemeinschaften des 19. Jahrhunderts half nicht zuletzt die Brieftaubenzucht, Menschen unterschiedlichster Herkunft zusammenzubringen. Die Zuwanderer aus dem Osten wie aus Italien und gut hundert Jahre später die Immigranten aus der Türkei brachten jeweils ihre regionalen Traditionen der Taubenzucht mit, die miteinander zu einer neuen und eigenen Kultur verschmolzen. In seinem Buch *Symbolische Formung* widmet der Soziologe Hans-Georg Soeffner dem taubenzüchtenden Kumpel das Kapitel »Der fliegende Maulwurf« und ein erweitertes Konzept des Totemismus: Die Menschen binden sich und ihr Wohl eng an die Taube, das Totem, das ihnen erlaubt, »mit Hilfe einer symbolischen Denkmethode ein gesellschaftliches Organisationsprinzip auszubilden«. Der Totemismus, den weltweit alle Völker pflegten und teils heute noch kennen, verbietet gleichwohl immer, das Totem zu töten, denn das hieße, einen Teil des Selbst zu töten.

In den Hochzeiten gab es zwischen Duisburg und Dortmund mehr als 100 000 Brieftaubenzüchter, heute werden republikweit 30 000 geschätzt, Tendenz fallend. Ein weiterer Hotspot der Brieftaubenzucht ist die Region um Aachen, vielleicht wegen der Nähe zu Liège, denn dort hatte die Begeisterung für das viel zitierte »Rennpferd des kleinen Mannes« ihren Ausgang genommen. Dort wurde auch am meisten gewettet. Daher schick-

Eine Taubenbörse in Berlin. In der Euphorie nach dem Deutsch-Französischen Krieg wurde die Brieftaubenzucht zum patriotischen Unternehmen. Die Zahl der Vereine stieg in zehn Jahren von 190 auf 688 im Jahr 1900.

ten schon in den 1830er-Jahren viele auswärtige Taubenzüchter ihre Tiere im belgischen Kohle- und Stahlrevier auf Rennen.

Für Taubenrennen wird auch heute noch alles gegeben. Es geht nämlich oft um viel Geld, zum Beispiel beim südafrikanischen Million Dollar Pigeon Race, das weltweit eines der größten ist. Wie mörderisch das Treiben für die Tiere ist, zeigt die Bilanz des Jahres 2020: Ins Ziel gelangten 675 Tiere, 2702 Tauben gingen verloren.

Vielleicht haben sich einige auch auf den Weg nach Hause gemacht. Spektakuläre Heimkehrerinnen gab es immer wieder: Eine namenlose Taube, die dem Duke of Wellington gehörte, wurde am 1. Juni 1845 auf Ichaboe vor der Küste des heutigen Namibia freigelassen. In 55 Tagen flog sie 8 700 Kilometer zurück nach London. Sie hätte es beinahe geschafft: Einen guten Kilometer von ihrem Schlag entfernt wurde sie tot im Rinnstein gefunden. Bis heute ist kein längerer Taubenflug bekannt.

Aber auch Tauben, die das Million Dollar Pigeon Race erfolgreich absolviert haben, dürfen oft nicht mehr nach Hause, sondern werden noch an Ort und Stelle verkauft. Für seine Siegertaube Birdy erhielt ein Kölner Züchter 2008 in Südafrika gleich noch weitere 100 000 Euro. Und es geht um immer mehr Geld, weil die Brieftaubenhaltung in Osteuropa, vor allem aber in China neuerdings sehr beliebt ist. In dem Land, dessen begehrtestes und meistproduziertes Fahrrad Flying Pigeon heißt, dient eine siegreiche Renntaube auch als Statussymbol: Der belgische Tauber Armando wurde 2018 für 1,25 Millionen Euro nach China verkauft. Kein Wunder, dass Doping auch für Tauben ein Problem ist. Manche Tiere bekommen Amphetamine und Kokain, bis ihre Herzen springen. Vom Rennpferd des kleinen Mannes kann längst keine Rede mehr sein.

Eine noch viel ältere Tradition der Taubenrennen kennt Iran. Viel häufiger werden Tauben dort allerdings einfach so gehalten, weil die Menschen sich an ihnen erfreuen. Trotzdem gibt es auch in Iran immer weniger Taubenhalter. In den großen Städten mussten die meisten traditionellen zweistöckigen Häuser mit Flachdächern und Innenhöfen Hochhäusern weichen. In Teheran macht außerdem die Luftverschmutzung den Vögeln das Leben schwer. Tauben, Spatzen und Singvögel gibt es kaum noch, nur die Krähen können sich bislang behaupten.

Ein goldberingter Tauber mit Täubin im Mogulreich, um 1650.

In ihrem Buch *Unruhig bleiben. Die Verwandtschaft der Arten im Chthuluzän* betrachtet Donna J. Haraway »Fadenspiele mit Art-GenossInnen«: Interaktionen von Individuen verschiedener Arten, die auf dem Weg in eine Welt nach dem Anthropozän, welche ein Zeitalter hybrider Daseinsformen sein könnte, ihre Verbundenheit stärken. Für Verflechtungen menschlicher und nicht menschlicher Wesen sieht die Wissenschaftstheoretikerin, Biologin und Genderforscherin Brieftauben besonders befähigt und damit als die idealen Partnerinnen für ein Projekt wie das PigeonBlog, das die Künstlerin und Wissenschaftlerin Beatriz da Costa 2006 initiiert hatte: eine zweijährige artenübergreifende und interdisziplinäre Kunstaktion, eine Intervention in den öffentlichen Raum und Citizen Science. In einer Kooperation von Tauben und Taubenfreund:innen, Kunstschaffenden und Ingenieur:innen sammelten die Vögel Daten über die Luftverschmutzung Südkaliforniens in dicht besiedelten Quartieren, an Autobahnen, rund um Kraftwerke und Industrieanlagen. Die technische Herausforderung war in drei Monaten gemeistert; neun Monate hatte es gebraucht, um einen Rucksack zu entwerfen, der für die Tauben bequem und sicher zu tragen war.

Dieser Aufgabe hatte sich hundert Jahre zuvor auch schon ein Kronberger Apotheker gewidmet. Der umtriebige Julius Neubronner hatte von seinem Vater nicht nur die Apotheke, eine Jagd und die mäzenatische Unterstützung der Kronberger Malerkolonie übernommen, sondern auch Brieftauben. Deren Aufgabe war es, die Rezepte von den Ärzten in den umliegenden Ortschaften zu überbringen, damit die Medikamente umgehend angemischt und ausgeliefert werden konnten. Julius

Eine Pionierin der Luftaufklärung, 1914. Seit den Tagen des Julius Neubronner wurde die Ausrüstung auch für friedlich forschende Tauben weiterentwickelt.

Neubronner – seit 1889 Hofapotheker, weil in jenem Jahr die Kaiserin Friedrich nach Kronberg gezogen war – nutzte das System schließlich auch für die Lieferung der Arzneimittel. Er fertigte kleine Rucksäcke an, in denen seine Tauben bis zu 75 Gramm schwere Fracht transportieren konnten.

Der Apotheker war begeisterter Fotograf und experimentierte mit neuen Techniken, um die Wirklichkeit endlich als Raum abzubilden. Das konnte aber nur im entgrenzten Blick von oben gelingen. Was lag also näher, als die Tauben mit kleinen Kameras auszustatten? Die Bilder machten Furore, und der Tüftler stellte Taubenkameras und Ansichtskarten der Luftbil-

Militärisch ausgebildete Brieftauben vom II. Bataillon Infanterieregiment im Ersten Weltkrieg. An den Beinen tragen sie die Nachrichten.

der schon bald auf Messen aus. Sogar in Paris brachte er es zu Bekanntheit; in Dresden erhielt er auf der Internationalen Photographischen Ausstellung 1909 die Goldene Medaille.

Derart beflügelt unterbreitete Neubronner dem Deutschen Heer einen ambitionierten Vorschlag: Brieftaubenfotografie für die Luftaufklärung. Doch erst nach drei Jahren Verhandlungen mit Major Groß von der Luftschifferabteilung erhielt er 300 Mark Zuschuss für sein Projekt. Inzwischen hatte er einen mobilen Taubenschlag mit einer Dunkelkammer gebaut, die ebenso als Aufenthaltsraum und Schlafzimmer dienen konnte. Am 20. August 1914 sollte die Präsentation bei einem Manöver in Straßburg stattfinden. Dazu kam es nicht mehr. Als 1916 der Stellungskrieg begann und Tauben zum Kriegsdienst herangezogen wurden, landete der fahrbare Taubenschlag in Verdun. Julius Neubronners Tauben überbrachten Meldungen, das Fotografieren hatten die Flieger übernommen.

Im Deutsch-Französischen Krieg 1870/71 hatten sich die eingeschlossenen Pariser erstmals wieder der zuverlässigen Kurierdienste erinnert, die Tauben schon in den Kriegen der Antike geleistet hatten. Auch die gegnerische Seite begann mit der Rekrutierung: Taubenzüchtervereine aus Barmen und Elberfeld im heutigen Wuppertal, aus Köln und Schwedt standen bald in Verhandlungen mit dem Kriegsministerium.

Wie viele Militärbrieftauben im Ersten Weltkrieg im Einsatz waren, ist schwer zu ermitteln. Es werden mehrere Hunderttausend gewesen sein. 120 000 Tauben sollen allein auf deutscher Seite ums Leben gekommen sein. Ein junger Tauber aus Koblenz hatte Glück. Sein Leben nahm eine ungewöhnliche

Wendung, als er im Ersten Weltkrieg mit anderen Brieftauben in amerikanische Gefangenschaft geriet. Als Kriegsbeute trafen die 22 »German War Pigeons« 1919 gemeinsam mit den gefeierten Heldentauben auf der U.S.S. *F.J. Luckenbach* in den USA ein. Nachdem sie Paraden und Werbeauftritte absolviert und im Signal Corps Pigeon Center ein Zuhause gefunden hatten, bekam der Koblenzer Tauber eine neue Identität. Unter dem Namen Kaiser zeugte er in den nächsten dreißig Jahren mehr als 75 rekordverdächtige Militärtauben und hatte damit großen Anteil am Aufbau des U. S. Army Pigeon Service. Vielfach ausgezeichnet starb er im hohen Alter von 32 Jahren. Heute ist der braunweiße Vogel im National Museum of American History ausgestellt. Eine größere Berühmtheit unter den bald 56 000 Tauben des U. S. Army Pigeon Service war wohl nur G. I. Joe, der im Zweiten Weltkrieg drei Jahre lang Nachrichten transportierte, darunter einen Hilferuf, der tausend Briten das Leben rettete.

Die Taubenkuriere waren so zuverlässig, dass sie fast alle Nachrichten ans Ziel brachten. Damit sie den Schutz der Dunkelheit nutzen konnten, wurden mit ihnen Nachtflüge trainiert – für Tauben eigentlich unvorstellbar, aber sie meisterten sogar das. Um den Einsatz von Tauben mit Fallschirmspringern zu optimieren, bestellte der Pigeon Service im Dezember 1944 beim Dessoushersteller Maidenform 28 500 hauchdünne, eng anliegende Taubenwesten. In diesem Trikot konnten die Vögel sicherer an den Westen der Fallschirmspringer befestigt werden. Die britischen Bomber hatten Tauben an Bord, die sie mit ihrer Positionsangabe freiließen, wenn sie abgeschossen wurden.

Und dann gab es noch die Operation Columba des britischen Geheimdienstes, die 1941 begann und bis zum Kriegsende fort-

Tauben fahren im Ersten Weltkrieg auch in den Panzern mit: Eine weiße Taube muss an der Westfront eine Nachricht hinter die britische Linie bringen.

geführt wurde. 17000 Tauben wurden in Transportboxen an Fallschirmen über Belgien, Frankreich und den Niederlanden abgeworfen. An den Boxen waren Taubenfutter, ein Stift sowie hauchdünnes Reispapier befestigt, auf dem die Finder Beobachtungen über Truppenbewegungen, versteckte deutsche Stellungen, Munitions- und Treibstofflager festhalten sollten. »Vergraben Sie den Fallschirm!«, lauteten die Instruktionen. »Füttern Sie die Taube täglich, und achten Sie darauf, dass sie ihre Flügel ausstrecken kann!« Das MI14 endete mit dem Appell: »Seien Sie mutig! Wir werden Sie nicht vergessen!« Immerhin tausend Nachrichten erreichten auf diesem Weg den Geheimdienst. Die Verluste der Tauben waren hoch: Nur 1700 Kuriere kehrten zurück.

Das größte Risiko, ums Leben zu kommen, bestand für eine Militärtaube nicht zwischen den Fronten, sondern auf ihren Trainingsflügen zu Hause, deshalb verhängten die Behörden in den USA und in Großbritannien ein Jagdverbot. Es drohten empfindliche Haft- und Geldstrafen. Auch den Maßnahmen gegen Spionagetauben fielen mehr eigene Tiere zum Opfer. Die Falken unterschieden nicht zwischen Freund und Feind, sie wurden schnell wieder abgezogen.

Noch im Koreakrieg von 1950 bis 1953 kamen Brieftauben zum Einsatz. 1957 wurde der U.S. Army Pigeon Service aufgelöst. Die meisten Tauben wurden versteigert, G.I. Joe und die anderen 24 Kriegshelden in Zoos untergebracht. Die Schweizer Armee war wohl die letzte, die ihre Brieftaubendivision verabschiedete: 1995 im Zuge einer Wehrreform. Sie war 1917 gegründet worden.

Zwischen Himmel und Erde

Die Friedenstaube, die zur Kriegstaube wurde, mag man als Ironie des Schicksals oder als weiteren Antagonismus verstehen, bibeltreue Gemüter hätten göttliche Rache fürchten müssen: Schließlich war es die Taube gewesen, die Gottes Friedensschluss mit den Menschen überbracht hatte. Und nun musste sie selbst in deren Kriege ziehen?

In der Bibel tritt die Taube schon gleich nach der Sintflut auf. Als sich nach vierzig Tagen die »Quellen der Tiefe und die Schleusen des Himmels [...] geschlossen« hatten, sendet Noah dreimal jeweils im Abstand von sieben Tagen eine Taube aus, die nach Land Ausschau halten soll. Die erste kehrt zurück, ohne einen trockenen Platz gefunden zu haben, die zweite erreicht die Arche mit dem berühmten Ölzweig im Schnabel, die dritte schließlich kommt nicht mehr zu Noah zurück. Er entfernt das Dach der Arche, und »siehe, die Oberfläche des Erdbodens war trocken«.

Die Taube ist die Überbringerin der besten aller möglichen Nachrichten – durfte sie deswegen zu dritt an Bord der Arche sein? Stefan Zweig widmete dem Rätsel »Die Legende der dritten Taube«: Nachdem diese von der überfüllten Arche ausgeflogen war, stieg sie auf in den Himmel, voller Staunen über das, was sie sah:

Kriegswinter. Die friedensweiße Taube sucht Zuflucht.
Pierre Puvis de Chavannes, Le Pigeon, *1871.*

Von der Tiefe schimmerten die Wasser, wie feuchtes Moos leuchteten grün die Wälder, von den Wiesen stieg weiß der Brodem der Frühe, und das duftende Gären der Pflanzen durchsüßte die Wiesen.

Sie konnte sich kaum sattsehen, Noah war schnell vergessen, und schon

brach die steigende Sonne sich in unendlichen Morgenröten, wie rotes Blut schimmerte davon das Meer, wie heißes Blut dampfte davon die blühende Erde. Göttlich war es, dies Erwachen zu schauen, und seligen Blicks wiegte die Taube sich mit flachen Schwingen über der purpurnen Welt, über Länder und Meere flog sie dahin und ward im Träumen allmählich selber ein schwingender Traum.

Sie flog immer weiter, »vom Sturm ihres Glückes getragen«, bis ihre Flügel sie nicht mehr tragen wollten, ihre Federn schwer wurden wie Blei. Sie ging herab über einem Wald, um zu rasten.

Reisig deckte sie zu, Wind schläferte sie ein, kühl war es im Gezweige des Tags und warm in der waldigen Wohnung des Nachts. Bald vergaß sie die windigen Himmel und die Lockung der Ferne, die grüne Wölbung schloß sie ein. […] *Die versunkene Taube, versponnen in Laub und Traum, hörte manchmal diese Stimmen der Welt, aber sie lauschte ihnen ohne Ängste und blieb in ihrem Dunkel. Einmal aber in diesen Tagen hub der ganze Wald an zu dröhnen, und es donnerte, als bräche die Erde entzwei.*

Die Taube schreckte hoch, denn

es war, als wolle das Land in den Himmel springen oder der Himmel niederfallen über das Land […] *Tod war über ihr und Vernichtung; wie einst die Wasser, so schwoll nun das Feuer über die Welt.*

Sie floh aus dem Wald, stieg abermals in den Himmel und

> *hastig flügelte sie durch unsere Länder, eine Stätte der Rast zu erspähn und dann aufzuschweben zum Urvater, ihm das Ölblatt der Verheißung zu bringen. Aber nirgends war es zu finden in diesen Tagen, immer höher schwoll die Flut des Verderbens über die Menschheit, immer weiter fraß sich der Brand durch unsere Welt.*

Stefan Zweig schrieb seine »Legende der dritten Taube« im brasilianischen Exil, wo er sich 1942 das Leben nahm. Da flatterte »die verirrte mythische Taube, die friedensuchende«, noch immer rastlos um die Welt, »ängstlich und schon flügelmatt«, denn bevor die Menschen nicht den Frieden finden, darf sie nicht heimkehren.

> *Und wieder harrt wie vor Tausenden Jahren eine Welt, daß einer die Hand ihr entgegenbreite und erkenne, es sei genug nun der Prüfung.*

Warum aber machte Noah ausgerechnet die Tauben zu seinen Kundschafterinnen?

Die längste Zeit, die Taube und Mensch einander Aufmerksamkeit schenkten, galt die Taube als Gefährtin von Göttinnen. Als Allegorie von Lebensgeist und Lebensweisheit, Reinheit, Unschuld und Sanftmut, Keuschheit und Mütterlichkeit wie von Verführung und Weiblichkeit war sie allgegenwärtig. Sie wurde schon seit Jahrtausenden verehrt, als sie den Christen als der Heilige Geist erschien.

Geheiligt war die Taube schon zu Zeiten der babylonischen Göttin Ischtar, die später Metamorphosen zur griechischen Aphrodite und zur römischen Venus durchlief. Auch wenn die

Die Taube in einer ihrer vielen großen Rollen, die sie in der Geschichte der Menschheit einnahm. Das Motiv durfte in Erbauungsbüchern nicht fehlen.

vielgestaltige Göttin des Krieges und der Liebe, die in Morgen- und Abendstern verehrt wurde, mindestens Assyrerin, wahrscheinlich sogar Sumererin oder Akkadierin war – die Taube war lange vor ihr in Mesopotamien. Die Verehrung der Tauben als Begleiterinnen der Ischtar wie auch der semitischen Göttin Astarte wurde im weiteren Mittelmeerraum möglicherweise durch die Phönizier bekannt. Die auf Griechisch so Bezeichneten waren Kanaanäer und vermutlich Aramäer, die in Stadtstaaten an der östlichen Mittelmeerküste lebten. Ihre Handelsflotten hatten ein Netz aus Niederlassungen und Routen bis ins heutige Spanien und Italien geknüpft.

Auch im Industal galt die Taube als göttliche Botin: Im zehnten Liederkreis des Rigveda, der als ältester Teil der Veden zwischen 1550 und 1000 v. Chr. entstanden war, wird sie von der Todesgöttin ausgeschickt. Das mag auf den ersten Blick überraschen, erklärt sich aber mit der allmählich hervortretenden hinduistischen Götterwelt. Die im Rigveda noch Namenlose wird zu Kali. Die schwarze Göttin des Todes ist als göttliche Mutter aber auch Kraft der Erneuerung sowie Bewahrerin der kosmischen Ordnung und damit eine Verwandte der Ischtar. Und entsteht im ewigen Kreislauf des Lebens das Neue nicht immer aus Vergangenem? Angsteinflößend erscheint die täubische Todesbotin im Vers 10,165 ohnehin nicht, denn es gibt allerlei einfache Mittel, die »Gegen den Unglücksvogel« aufgeboten werden können: Singen, Sühnung, Verse oder ein Opfer an Agni, den Feuergott.

Ihre Verbindung zu Ischtar, die größtmögliche Gegensätze wie Krieg und Liebe und Morgen und Abend in sich vereinte, erhob die Taube schon lange vor der Entstehung der jüdischen

Religion zu einem Symbol der Harmonie aus der Dualität. Es war daher nur folgerichtig, dass es jeweils eine Taube war, die Noah vom Weichen der Fluten unterrichtete und die Botschaft vom Friedensschluss Gottes mit seiner Schöpfung überbrachte, die er aus Zorn hatte vernichten wollen. Der Ölzweig im Schnabel der zweiten war der Beweis, denn der Olivenbaum war hochgeschätzt und Symbol für Erneuerung, Fruchtbarkeit, Schönheit und das verheißene Land. Dass er die Erdenbewohner nie wieder ertränken würde, besiegelte Gott mit dem Regenbogen. Wie ein gesenkter, herrlich schillernder Kampfbogen war er als Bundeszeichen in den Himmel gehängt.

Isaac Bashevis Singer hat in seinem Kinderbuch *Noahs Taube* noch eine andere Erklärung, warum Noah die Taube zu seiner Botin machte: Die Tiere hatten gehört, dass Noah nur die Besten unter ihnen auf die Arche lassen würde, und versuchten, einander gegenseitig zu übertrumpfen. Nur die Taube beteiligte sich nicht an dem Wettstreit. Noah fragte sie, warum sie so still sei und ob sie denn gar nichts Besonderes an sich habe. Die Taube gurrte, jeder habe »bei seiner Erschaffung etwas Besonderes bekommen, das ihn von anderen unterscheidet«. Aber deshalb sei sie »nicht besser, klüger oder schöner als die anderen«. Das gefiel Noah, und als die Tiere an Bord kamen, sagte er zu ihnen: »Ich liebe euch alle, weil die Taube aber still und bescheiden blieb, als ihr Streit miteinander hattet, erwähle ich sie zu meinem Boten.«

Das Motiv der Taube als Überbringerin der Friedensbotschaft nahm das Plakat für den Weltfriedenskongress wieder auf, der 1949 in Paris stattfand. Pablo Picasso hatte Louis Aragon, der

Die oder keine, befand Louis Aragon, als er im Atelier des Freundes die Lithografie La Colombe *entdeckte. Pablo Picasso, 1949.*

an der Vorbereitung beteiligt war, einen Entwurf versprochen. Bei einem Atelierbesuch sah Aragon die Lithografie einer weißen Taube vor dunklem Hintergrund, die Picasso kurz zuvor angefertigt hatte. Sie sollte es sein, und »gegen Ende des Tages erschien das Plakat mit der ›Friedenstaube‹ bereits an den Mauern von Paris«, erzählte Françoise Gilot in ihren Erinnerungen an ihr *Leben mit Picasso*. Der Erfolg gab Aragon recht: In »zahllosen Drucken und Nachdrucken […] ging das Plakat um die Welt«.

Modell gestanden hatte eine von vier Mailänder Lockentauben, die Henri Matisse seinem Freund und Kollegen geschenkt hatte, weil der schon einmal ganz ähnliche gemalt habe. Tatsächlich hatte Pablo Picasso auch schon viele andere gemalt, weil er ein großer Taubenliebhaber war und die meiste Zeit seines Lebens Tauben hielt. Er wusste natürlich, dass sie nicht immer friedlich sind, sondern untereinander mächtig in Streit geraten können.

Die nun prominente Mailänder Lockentaube wurde sogar Patin von Pablo Picassos Tochter, die am ersten Tag des Kongresses geboren wurde und den Namen Paloma erhielt.

Später änderte Picasso das Motiv immer wieder. Die wohl bekannteste seiner Friedenstauben ist die mit wenigen Strichen gezeichnete fliegende vom darauffolgenden Jahr. Sie hält einen Ölzweig im Schnabel. 1955 erhielt Picasso den Weltfriedenspreis.

Auch die Goldenen und Silbernen Tauben des Leipziger DOK Filmfestivals gehen zurück auf eine von Picassos Friedenstauben, die er der Internationalen Leipziger Dokumentar- und Kurzfilmwoche für Kino und Fernsehen 1962 überließ.

Die weiße Taube auf blauem Grund, die in der bundesrepublikanischen Friedensbewegung allgegenwärtig war, entwarf der finnische Grafiker Mika Launis. 1974 hatte das finnische Friedenskomitee für eine Plakatkampagne die schönste Taube des Zauberkünstlers Pekka Kärkkäinen aka Clown Bluffo gecastet. Das Fotoshooting im Studio absolvierte das bühnenerfahrene Tier sehr professionell, aber einmal prallte es gegen den Ständer eines Scheinwerfers und verlor dabei eine Schwanzfeder, deshalb hat die Logo-Taube die markante Lücke.

Wenn es in antiken Schriften um eine Taube geht, war damit in der Regel eine Haus- oder Felsentaube gemeint. Näher benannt wird im Tanach und in anderen antiken Schriften häufig die Turteltaube. Dass sie für die Menschen eine besondere Bedeutung hatte, lag wahrscheinlich nicht nur an ihrer hübschen Erscheinung, sondern auch an ihrer Lebensweise als Zugvogel, denn ihr Eintreffen im östlichen Mittelmeerraum kündet vom Frühling:

> *Mach dich auf, meine Freundin, / meine Schöne, und komm! / Denn siehe, der Winter ist vorbei, / die Regenzeit ist vorüber, ist vergangen. / Die Blumen zeigen sich im Lande, / die Zeit des Singens ist gekommen, / und die Stimme der Turteltaube lässt sich hören in unserm Land.*

Als »Herrgottsvogel« hat sie später auch bei Christen den besten Leumund.

Und wer, wenn nicht die Tauben, konnte Auskunft über die Zukunft geben? Die Griechen begrüßten eine aus Theben herbeifliegende Taube als Garantin für eine glückende Schiffspassage – was entsprechende Winde erklären könnten –, und in Dodona befragten sie mit einem Taubenorakel Zeus, dem sieben Tauben die Götterspeise Ambrosia brachten. Diese Tauben waren eigentlich Nymphen, nämlich Alkyone, Merope, Kelaino, Elektra, Sterope, Taygete und Maia, die Töchter des Atlas und der Pleione. Als Gefährtinnen der Artemis waren sie von Orion verfolgt worden und hatten ihm nur in Gestalt von Tauben entkommen können. Zeus rettete sie, indem er sie an den Himmel entrückte, wo sie seitdem als das Sternbild der Plejaden stehen, nicht zu verwechseln mit dem viel später definierten Sternbild

Der Kölner Maler, Architekt und Bildhauer Franz Brantzky schuf 1917 einen ungewöhnlich friedfertigen Aufruf, eine Kriegsanleihe zu zeichnen.

Taube. Das Auf- und Untergehen der Pleiaden wurde von Bauern und Seefahrern beobachtet, die daraus Rückschlüsse auf den richtigen Zeitpunkt wie für die Navigation zogen.

Die Auguren im Römischen Reich, deren Aufgabe es war, Hinweise auf den glücklichen Ausgang eines Unternehmens zu finden, sahen in herannahenden Tauben göttlichen Zuspruch.

Nördlich des Limes lieferten die Tauben persönlich Hinweise aufs Wetter und die Ernte. Allerlei Beobachtungen wurden angestellt: Flogen sie Runden über dem Giebel? Badeten sie? Zogen sie ihre Federn durch den Schnabel? Fraßen sie viel oder wenig?

Wahrscheinlich war die Taube mit den Römern zu Germanen und Kelten gekommen. In der germanischen, von römischem Recht inspirierten *Lex Salica* vom Beginn des 6. Jahrhunderts, einem der ältesten erhaltenen Gesetzbücher, ist sie als Lock- und Jagdvogel erwähnt. Doch es wurden auch große Erwartungen in ihre Kräfte gesetzt. Welche Bewandtnis es wohl mit Tauben als Beigaben in germanischen Gräbern hatte? In Mitteleuropa sollten Tauben nicht nur zu Liebe, Glück und Fruchtbarkeit verhelfen, das Gebären und die Rekonvaleszenz nach einer Fehlgeburt erleichtern, sich günstig aufs Zahnen und den Bartwuchs auswirken sowie gegen Zauber, Blitzschlag und Feuer schützen. Im *Handwörterbuch des deutschen Aberglaubens* werden Tauben Heilkräfte gegen 59 menschliche Malaisen zugeschrieben: von Augenleiden über Geschwüre, Pest und Typhus bis zu Warzen. Kuriert werden sollten die Leiden in der Regel durch Übertragung: Man nahm an, dass die Krankheit auf die Tauben überging. Glücklich die Turteltauben, die einfach nur im Krankenzimmer nisten mussten, oft schien aber direkter

Die Miniatur des Vogelfängers und seiner Opfer illustriert eine medizinische Abhandlung des Ibn Butlan aus Bagdad über Turteltaubenfleisch. Um 1390.

Kontakt erforderlich: Entweder wurde die Taube auf der Brust der Leidenden festgebunden, bis sie starb und verfaulte, oder an den Anus gebunden respektive der Schnabel des Tiers in diesen gesteckt. Manchmal reichte es, Teile der getöteten Taube oder ihr Blut auf die angegriffenen Partien zu legen, oder das Tier musste im Urin des Kranken gekochte Hirsekörner beziehungsweise dessen zerbissenes Brot aufpicken. Auch Taubenkot und das Ablegen der Kleider über Nacht auf einem Turteltaubenkäfig sollten helfen. Von zu viel Taubenfleisch hingegen wurde abgeraten, das könne Gicht verursachen. Und Taubenfedern im Kissen brachten weder ruhigen Schlaf, noch könne man auf ihnen sterben, hieß es. Dass die Taube nach der Entbindung, gegen Aussatz und unreine Ausflüsse helfe, findet sich schon in den Anweisungen zum Taubenopfer im Buch Mose.

Um der Tauben habhaft zu werden, gab es verschiedene Möglichkeiten: Einfach erscheint noch, »Haselruten, die man am Freitagmorgen vor Sonnenaufgang unter Hersagung der drei höchsten Namen schneidet«, vor den Eingang des künftigen Schlags zu nageln, damit die Tauben über sie hinwegsteigen mussten, oder gekautes Brot und alkoholgetränkte Erbsen als Köder auszulegen. Schwieriger wird es gewesen sein, von jetzt auf gleich »ein Stück Brettchen vom Sarge eines ungetauften oder unschuldigen Kindes« aufzutreiben, den »Strick eines erdrosselten Menschen« oder gleich einen ganzen Menschenschädel, denn dieser sollte als Trinkgefäß Tauben nicht nur anlocken, sondern auch ans Haus binden.

Liebeszauber versprachen Turteltaubenherzen, die Liebeshungrige bei sich tragen, der umworbenen Person ins Brot einbacken oder ihr pulverisiert überreichen konnten. Eine Turteltaubenzunge beim Küssen im Mund getragen sollte die Angebetete für immer willenlos machen. Einen großen Auftritt als tatkräftige Verbündete der Liebenden haben Tauben im Märchen *Aschenputtel*. Ein ganzer Schwarm rauscht herbei, um für das Mädchen Linsen zu lesen – »die guten ins Töpfchen, die schlechten ins Kröpfchen« –, zwei weiße Täubchen sorgen dafür, dass Aschenputtel die Brautschau für den Königssohn besuchen kann, und sie decken den Betrug der bösen Stiefschwestern auf: »Rucke di guck, rucke di guck [...] die rechte Braut sitzt noch daheim«.

Der Brauch, nach der Trauung weiße Tauben fliegen zu lassen, geht zurück auf den Glauben, dass die Ehe glücklich verläuft, wenn das Brautpaar beim Verlassen der Kirche als Erstes die Musterbeispiele ehelicher Treue erblickt. Nach dem *Handwörterbuch des deutschen Aberglaubens* müssen sie zwar nicht weiß sein, aber eine weiße Taube ist etwas Besonderes: Weit verbreitet war die Vorstellung, dass sie der Geist eines Verstorbenen war oder die Seele eines unschuldig Hingerichteten. Sterbenden sollten weiße Tauben erscheinen, die kamen, um sie abzuholen.

Aufgrund der falschen Annahme, dass sie keine Galle habe – richtig ist: keine Gallenblase –, galt den Christen die Taube zwar als so rein und heilig, dass weder Teufel noch Hexen ihre Gestalt annehmen konnten, aber magische Kräfte, um sich selbst zu schützen, besitzen Tauben leider nicht. In Vorderasien waren sie als Opfergaben allzu beliebt, vor allem bei denen, die sich Rinder, Schafe und Ziegen nicht leisten konnten. Das galt zu Zeiten von Ischtar und Astarte wie später im Jerusalemer Tempel. Im weiteren Verlauf des Buchs Mose kommen Tauben nur noch als Opfertiere vor. Verkauft wurden sie an Ständen gleich im Tempel, was bekanntlich Jesus missfiel. Er sel in den Tempel gegangen, heißt es in den Evangelien von Matthäus, Markus und Johannes, »und trieb alle, die im Tempel kauften und verkauften, hinaus, stieß die Tische der Wechsler und die Sitze der Taubenverkäufer um«.

Die Felsentauben hatten mehr Glück, sie waren unerreichbar wie die Geliebte:

Meine Taube im Höhlennest des Gesteins, / im Versteck am Felsensteig! / Lass mich sehen deine Erscheinung, / lass mich hören deine Stimme! / Denn deine Stimme klingt wohl, / und deine Erscheinung ist schön!

»Deine Augen sind Tauben (gleich)!«, huldigt das Hohelied der Geliebten oder, je nach Bibelübersetzung: »Zwei Tauben sind deine Augen«. Aber auch die Braut besingt den Geliebten, dessen Augen sind »wie Tauben / am Wasser eines Beckens, / Die sich baden in Milch, / die sitzen auf einem Meer«. Über den Charakter der Tauben waren sich allerdings schon die Bibelübersetzer uneins. Während es in der Elberfelder Bibel despektierlich heißt: »so seid nun klug wie die Schlangen und einfältig wie die Tauben«, klingt die Jerusalemer Bibel versöhnlicher: »Seid also klug wie die Schlangen und ohne Falsch wie die Tauben.«

Von mitfühlenden, fürsorglichen Tauben erzählte im 1. Jahrhundert v. Chr. Diodor von Sizilien in der Legende von Semiramis, die nicht nur in ihren Hängenden Gärten lustwandelte, sondern als mächtige Königin von Assyrien viele Länder unterwarf: Ihre Mutter, die Göttin Derketo, halb Frau, halb Fisch, hatte sie ausgesetzt, aber Tauben wärmten das Neugeborene mit ihren Flügeln und fütterten es mit Kropfmilch, bis es alt ge-

Dic Tauben des Venustempels *eröffneten eine kleine Kulturgeschichte der Tauben in der ersten deutschen Illustrierten* Die Gartenlaube, *1897.*

nug war, um Käse zu essen, den die Vögel für ihren Schützling stibitzten. Eine ähnliche Sage existiert auch über die Geburt der Aphrodite. Danach wurde sie nicht aus Schaum geboren, sondern Fische hatten ein Ei an Land gerollt, das Tauben bebrüteten, bis Aphrodite schlüpfte.

Die Gänse, die mit ihrem empörten Geschnatter Martin verrieten, der sich nicht zum Bischof weihen lassen wollte und in ihrem Stall Unterschlupf gesucht hatte, machten sich nicht beliebt, deshalb, so heißt es, müssen ihre Nachkommen als Martinsgänse bis heute in den Backöfen büßen. Die Tauben aber machten alles richtig, als sie ruhig blieben und den Propheten

Ein 9/11-Teppich, wohl aus einem Flüchtlingslager in Peschawar. Das traditionelle Frauenhandwerk verrichten dort mangels Alternativen auch Männer und Kinder. Sammlung Till Passow.

Mohammed, der sich auf der Flucht in einer Höhle versteckte, nicht auslieferten. Einmal mehr erwiesen sie sich als himmlische Verbündete.

Finden Tauben deshalb in mancher Moschee freundliche Aufnahme? Auf dem Dach der Hamburger Centrum-Moschee befindet sich ein Haus für 200 Stadttauben. Eine feste Futterstelle haben Tauben auch in der Freitagsmoschee in Esfahan. Sogar zwei große Wasserschüsseln stehen dort bereit: Tauben baden nämlich so gern. Für eine Handvoll Futter reicht es fast immer, denn schließlich soll es Glück bringen, Tauben glücklich zu machen, und Wünsche sollen in Erfüllung gehen. Das hoffen auch die Menschen an der Blauen Moschee in Mazar-i Scharif im Norden Afghanistans, wo sich Hunderte blütenweiße Tauben tummeln. Die Moschee ist die bedeutendste Pilgerstätte des Landes, da fallen immer ein paar Körnchen ab. Eine Legende erzählt, dass jede Taube, die zur Blauen Moschee kommt, innerhalb kurzer Zeit weiß wird.

Da wiegen die braunen Tauben auf afghanischen 9/11-Teppichen umso schwerer. Diese Teppiche sind eine Untergattung der sogenannten Kriegsteppiche, die nach der Intervention der Sowjetarmee in Afghanistan geknüpft wurden. Traditionelle Motive wie Blüten und der Lebensbaum wurden durch Handgranaten, Panzer und Hubschrauber ersetzt. Die 9/11-Teppiche zitieren die Flugblätter, die aus US-amerikanischen Flugzeugen herabflatterten und die Afghanen informieren sollten, warum gleich ihr Land bombardiert würde. Diese Teppiche wurden nicht zum eigenen Gebrauch hergestellt, sondern als Souvenirs an Armeeangehörige und NGO-Leute verkauft. Für geflüchtete Afghan:innen waren sie oft die einzige Einnahmequelle.

In Vorderasien brachten nicht Störche, sondern Tauben die Kinder, die sie, so hieß es, als Keime in sich tragen würden. Die Empfängnis der Jungfrau Maria durch den Heiligen Geist in Gestalt einer Taube war daher keine große Sache. Vielleicht aber bekam so der Heilige Geist seine Gestalt?

Der Theologe und Philologe Günther Schwarz vertrat gleichwohl die Meinung, dass die Taube als Erscheinungsform des Heiligen Geistes auf einem Missverständnis beruhe: In der Passage von Jesu Taufe im Matthäusevangelium, als Jesus aus dem Jordan steigt und »den Geist Gottes wie eine Taube herabfahren« sieht, müsse es vielmehr heißen, dass er »den Geist Gottes geradewegs herabfahren« sieht, denn »wie eine Taube« und »geradewegs« werden im Aramäischen, der Umgangssprache in Westgaliläa zu Zeiten Jesu, gleich geschrieben, aber anders ausgesprochen. Ähnliche Stellen von der Taufe Jesu finden sich auch in den Evangelien des Markus und des Johannes.

Die dienstbaren Seelen der Kognitionsforschung

Alfred Brehm war voll des Lobes für Tauben, diese »wohlbegabten Geschöpfe«. Für besonders klug hielt er sie allerdings nicht. Und auch allen anderen Vögeln wurde bis vor Kurzem nur das sprichwörtliche Spatzenhirn attestiert. Doch viele Forschungen legen inzwischen nahe, dass sich in so einem kleinen Vogelhirn doch mehr abspielt als gedacht.

Die längste Zeit galt: großes Hirn – hohe Intelligenz, kleines Hirn – geringe Intelligenz. Doch diese Analogie ist überholt. Entscheidend ist die Struktur eines Gehirns. Vogelhirne sind viel dichter gepackt als das Hirn von *Homo sapiens*. 300 Millionen Jahre lang entwickelten sich Vögel und Säugetiere nach ihren speziellen Anforderungen unabhängig voneinander und bildeten unterschiedliche Hirnstrukturen heraus. Die Evolution der Vögel nahm zwangsläufig einen anderen Weg als die Entwicklung der Säugetiere, dennoch vollbringen die Gehirne beider Klassen ähnliche Leistungen. Dass Vögel Intelligenz nach menschlichen Maßstäben beweisen, indem sie planen und täuschen, lügen und betrügen, dass sie Werkzeuge benutzen, abstraktes Wissen weitergeben und ein Bewusstsein von sich selbst haben, ist mittlerweile vielfach belegt.

In einem Intelligenztest des Psychologischen Instituts der University of Iowa bewiesen Tauben, dass sie auch mit komplexen Problemstellungen zurechtkommen und darin menschlichen Probanden nicht nachstehen, deren Intelligenz mit

Drei Wildtauben und ein gezüchteter Kröpfer, Friedrich Wilhelm Kuhnert.

ähnlichen Aufgaben bestimmt wird. Der Sehsinn der Vögel funktioniert ähnlich wie bei *Homo sapiens*, nur viel besser. Aschenputtel hätte keine besseren Helferinnen finden können: »Die guten ins Töpfchen, die schlechten ins Kröpfchen« war eine einfache Übung für Vögel, die mehrere Hundert Samenarten von nicht Essbarem zu unterscheiden wissen. Auch wenn es darum geht, Gegenstände in Räumen zu ermitteln, schneiden Tauben erfolgreicher ab als Menschen. Schon in den 1970er-Jahren hatte die US-Küstenwache sechs Monate lang Tauben trainiert, vom Helikopter aus im Meer treibende Menschen ausfindig zu machen. Die Tauben lagen in 90 bis 100 Prozent der Fälle richtig, die Menschen nur in 38 Prozent. Kein Wunder, dass sich Tauben 725 verschiedene Muster einprägen können und Marc Chagalls Gemälde von den Werken Vincent van Goghs sowie einen Picasso von einem Monet unterscheiden. In einer Testreihe an der University of California bestanden Tauben in einer besonders diffizilen Aufgabe der Mustererkennung: Mit der außerordentlichen Trefferquote von 85 Prozent stellten sie auf Röntgenbildern Brustkrebs fest. Wurden die Ergebnisse von vier Tauben zusammengenommen, erhöhte sich ihre Trefferquote sogar auf 99 Prozent – und das nach einer kurzen Einarbeitungszeit.

Tauben können Frauen- von Männergesichtern unterscheiden und erkennen Individuen an ihrer Physiognomie, auch wenn sie eine Person nur einmal gesehen haben.

Und nun ist sogar bewiesen: Tauben können Englisch lernen und beherrschen Orthografie. Forscher der Ruhr-Universität Bochum und der neuseeländischen Universität Ontago zeigten Tauben englische Wörter aus vier Buchstaben und Kauderwelsch mit ebenfalls vier Buchstaben. Identifizierten die Tauben das Wort, also beispielsweise DONE, indem sie darauf pickten, bekamen sie eine Belohnung. Bei einer Buchstabenfolge wie DNOE mussten sie auf ein Symbol neben dem Wort picken. Auf diese Weise lernten die Tiere 26 bis 58 Wörter zu lesen und unterschieden diese von 8000 Nichtwörtern. Aber vielleicht hatten sie die Wörter einfach nur auswendig gelernt? Nein, der eigentliche Test begann nämlich erst jetzt: Nun zeigten die Forscher den Tauben neue Wörter und Nichtwörter, die sie mit einer Treffsicherheit unterscheiden konnten, die deutlich vom Zufallsquotienten abwich. Die Analyse brachte zutage, dass die Vögel sich auf die gleiche Art und Weise Orthografie aneigneten wie Menschen.

Auch das Multitasking beherrschen Tauben erfolgreicher als *Homo sapiens*. Das Ergebnis einer Testreihe mit zwölf Tauben und fünfzehn Menschen bestätigte die Hypothese von Sara Letzner, Onur Güntürkün und Christian Beste, dass Vögel dank ihres eng gepackten Gehirns Informationen schneller verarbeiten können. Ihre näher beieinander liegenden Nervenzellen kommunizieren mit größerer Geschwindigkeit als die Nervenzellen von Säugetieren, die über größere Distanzen hinweg Informationen austauschen und deren Reaktionen daher langsamer sind. Eine Taube verfügt über das Sechsfache an Nervenzellen pro Kubikmillimeter als der Mensch, und deren Entfernung voneinander beträgt nur eine gute Hälfte des Weges, den die Impulse menschlicher Nervenzellen zurücklegen müssen. Das Experiment des Teams der Ruhr-Universität Bochum und des Universitätsklinikums Carl Gustav Carus Dresden erklärt zudem, warum Vögel auch ohne Großhirnrinde, die bisher als

Grundvoraussetzung für kognitive Fähigkeiten galt, Primaten auf vielen Gebieten nicht nachstehen und genauso komplexe Aufgaben erfüllen wie diese.

Der Bochumer Hirnforscher Onur Güntürkün hat neben dem außerordentlichen Lernvermögen der Tauben noch einen weiteren Grund für ihr hervorragendes Abschneiden in allerlei Tests entdeckt: Beharrlichkeit. Mit unerschütterlicher Disziplin und Gründlichkeit setzen sie alles daran, ihnen gestellte Aufgaben zu einem erfolgreichen Ende zu bringen. Ihre Frustrationsresistenz sei so hoch, dass sie weder beleidigt sind noch aufgeben, wenn ihnen etwas über einen längeren Zeitraum nicht gelingt. Onur Güntürkün findet: »Tauben passen zum Ruhrgebiet; es sind ehrlich arbeitende Tiere.«

Und Tauben rechnen gut und häufig. Zum Beispiel, um den Weg zu finden. Darin sind aber nicht alle Tauben gleich gut, stellte sich heraus, als geklärt wurde, wie die Hierarchie eines Taubenschwarms zustande kommt: Die schnellste Taube fliegt voran. Weil sie häufiger in der Führungsposition ist als andere, wird sie mit der Zeit auch ihre Navigationsleistung verbessern, denn sie achtet zwangsläufig mehr auf den Weg als die ihr Folgenden. Gleichwohl kann sie jederzeit von einer schnelleren Taube abgelöst werden. Diese Erkenntnis lässt sich auf alle Schwärme übertragen.

Der Tauben Verständnis von Zeit und Raum ist gleich gut entwickelt wie bei Menschen und anderen Primaten, stellte das Team um Edward Wasserman an der University of Iowa fest. Wie Felsen-, Haus- und Brieftauben nach Hause finden, ist jedoch noch längst nicht vollständig entschlüsselt. Es gibt immer wieder neue Hypothesen und manchmal Erkenntnisse. Das

Magnetfeld der Erde spielt dabei eine Rolle wie der Stand der Sonne, die innere Uhr, Geräusche, Landmarken und Gerüche.

Als physikalische Grundlage des Magnetkompasses aller Vögel wurden schon länger Radikalpaar-Prozesse angenommen. 2020 konnte ein sogenannter Quantensensor erstmals live beobachtet werden. Vereinfacht gesagt, reagieren freie Elektronen in Molekülen auf die magnetischen Feldlinien der Erde und bringen die Moleküle in entsprechende kurzlebige Verbindungen. Zur Wahrnehmung ist kurzwelliges Licht notwendig, auf das der Blaulicht-Rezeptor Cryptochrom anspricht, der in den Ultraviolett/Violett-Zapfen über die ganze Netzhaut verteilt ist. Weil Radikalpaare nicht auf die Polarität eines Magnetkompasses reagieren, war offenkundig, dass Vögel sich an den Feldlinien orientieren. Onur Güntürkün glaubt zudem, dass Tauben den Nordpol sehen können: Sie nähmen am Himmel ein Muster wahr, das die Polarisationsrichtung des Lichts anzeige. Immerhin haben sie mit 2,3 Millionen Nervenfasern in jedem Sehnerv mehr als doppelt so viele wie der Mensch und damit viel größere visuelle Fähigkeiten.

Das taubentypische Rucken des Kopfes hat seine Ursache ebenfalls in ihrem ausgeprägten Sehsinn. Tauben haben stets ein detailliertes Bild ihrer Umgebung. Beim Umhertrippeln am Boden verschiebt sich die Ansicht jedoch viel schneller als in der Vogelperspektive. Sie fixieren ein Objekt so lange, bis es aus dem Blickfeld verschwindet. Dann springen die Augen zum nächsten Objekt – so entstehen die Sakkaden. Der Mensch macht nichts anderes, wenn er aus einem fahrenden Zug heraus einen Baum betrachtet. Er muss nur nicht mit dem Kopf rucken, denn seine Augäpfel sind beweglicher. Weil Tauben-

Artgerechte Taubenhaltung. Stich von Pieter Schenk d. Ä. nach Francis Barlow, der in England das Genre der Jagd- und Wildtiermalerei begründete. Vor 1711.

nerven viel schneller kommunizieren als Menschennerven, können die Vögel es sich leisten, lässig zu sein. Was für Menschen eine schnelle Bewegung ist, sehen sie in Zeitlupe.

Das Gehör der Tauben übertrifft die menschliche Wahrnehmung ebenso. Tauben hören den Infraschall. Während das menschliche Ohr bei 16 Hertz seine Grenze hat, hören Tauben noch 0,05 Hertz. Der Zoologe und Verhaltensforscher Wolfgang Wiltschko vermutet, dass sie Ozeanrauschen und Mikrobeben wahrnehmen.

Denkbar ist auch, dass sich Vögel eine innere Karte anlegen. Diese könnte aus Rasterzellen bestehen, wie sie für Säugetiere bekannt sind. Die Hypothese, dass Tauben nach Hause finden, indem sie wie Roboter einen ständigen Datenabgleich leisten, bis die Koordinaten ihres Standorts mit den Koordinaten ihres Heimatschlags übereinstimmen, ist gleichwohl widerlegt. Eine Versuchsreihe in Italien stellte fest, dass Tauben sich im Raum frei orientieren und nicht wie ferngesteuert nach Hause fliegen.

Obwohl der U.S. Army Pigeon Service aufgelöst war, hatten Ideen, wie man Tauben für militärische und nachrichtendienstliche Zwecke einsetzen könnte, im Kalten Krieg Hochkonjunktur. Dass die CIA mithilfe von Brieftauben sowjetische Einrichtungen ausspionieren wollte, ist naheliegend. Ehrgeiziger war das Projekt Orcon von B. F. Skinner. Der Behaviorist machte sehr gern Experimente mit Tauben, denn auch er hatte erkannt, dass sie zuverlässig und kooperativ sind sowie Meisterinnen der Mustererkennung – beste Voraussetzungen, um an seiner neuen Wunderwaffe mitzuwirken: Die Vögel wurden in Geschirren vor einem Bildschirm fixiert. Darauf sahen sie ein Ziel, das sie durch ständiges Picken auf den Bildschirm ansteuern sollten. Das präzise Anpicken wurde durch Futtergaben belohnt. Auf diese Weise sollten sie sich und die Raketen, in denen sie sitzen würden, ins Ziel lenken, um dort zu explodieren. Unerschütterlich in seinem Glauben an die Konditionierung von allem und jedem konnte er nicht verstehen, dass die U.S. Army seine taubengestützte Präzisionswaffe nie realisierte.

Ausgerechnet in B. F. Skinners Labor bestanden Tauben schon 1981 den Spiegeltest. Jemand, der sich in einem Spiegel selbst erkennt, liefert den aus anthropozentrischer Sicht ultimativen Beweis, dass er ein Bewusstsein von sich selbst hat. Mittel der

Beweisführung ist meist ein Farbfleck auf dem Probanden, den er aber nur im Spiegel sehen kann. Wenn er unruhig wird und versucht, das störende Element zu entfernen, gilt der Test als bestanden. Als die Tauben auch diese große Prüfung bestanden, waren die Menschen für eine solche Erkenntnis leider noch nicht bereit. Die Harvard-Behavioristen hatten das Experiment nämlich nur durchgeführt, um George G. Gallups Spiegeltests mit Schimpansen zu diskreditieren: Wenn schon Tauben die Tests bestanden, mit denen Schimpansen ein Bewusstsein von sich selbst attestiert werden sollte, konnten die Untersuchungen des Psychologen wohl kaum etwas taugen. Selbsterkenntnis, so die felsenfeste Lehrmeinung vor vierzig Jahren, hatten nur Menschen und eventuell ein paar Hominiden. Robert Epstein, Robert P. Lanza und B. F. Skinner fanden es wahrscheinlich besonders witzig, Tauben in Stellung zu bringen. Schließlich hatte gerade erst ein von Frauen und vom Leben überforderter Regisseur in Woody Allens *Stardust Memories* sie als »Ratten der Lüfte« ins soziale Abseits verbannt.

Der Londoner Fotograf Henry Grant mochte offenbar Tauben, denn ihre Fütterung, wie hier auf dem Trafalgar Square, hat er häufig aufgenommen. 1950er/60er-Jahre.

Die Taube, der Mensch und seine Ordnung der Dinge

Wer Tauben füttert, muss stark sein: Er hat nämlich jedes Mal einen öffentlichen Auftritt, der zu einem gesellschaftlichen Coming-out geraten kann. Tauben füttern doch nur einsame, alte Frauen, heißt es gern. Störrisch und uneinsichtig lassen sie sich nicht davon abhalten, obwohl doch einfach jeder weiß, dass man das nicht tut. Menschen, die Tauben füttern, müssen stets auf wüste Beschimpfungen von Mitmenschen gefasst sein, die auftreten, als würde mit dem Füttern von Tauben ein uraltes Tabu gebrochen.

Auf- und ausfällig werden oft Menschen, die mit ihrer ganz persönlichen Ableitung der Broken-Windows-Theorie zu hadern haben. Nach diesem sozialpsychologischen Konzept signalisieren kleinste Anzeichen von Unordnung wie ein zerbrochenes Fenster oder herumliegender Müll ein Fehlen sozialer Kontrolle, das weitere Verstöße gegen die öffentliche Ordnung nach sich zieht. Übersetzt heißt das für den einen oder die andere: »Es mag ja einiges schieflaufen in meinem Leben, aber die gesellschaftlichen Normen habe ich verinnerlicht, und zu diesen gehört, dass man Tauben nicht füttert.« Diese Selbstvergewisserung einer reputablen Existenz wird an jene adressiert, die die Ordnung der Dinge nicht zu akzeptieren scheinen.

Aber was ist die Ordnung der Dinge? Im Zusammenleben von Mensch und Taube ist die Symbolik unwiderstehlich: Ein Tier, das wie kein anderes als weiblich gilt, das die stereotypen weiblichen Ideale der jüdisch-christlich-muslimischen Kulturgeschichte in sich vereint, dessen männliche Vertreter sogar im generischen Femininum aufgehen, ist in der Hand seines Züchters, der sich als sein Schöpfer und Gebieter versteht, die fügsame, edle Schönheit, deren verwilderte Schwestern Hilmar Hoffmann als die »Clochards der Rinnsteine« bezeichnet. Der damalige Frankfurter Kulturstadtrat scheut in seinem *Taubenbuch* nicht mal vor dem Heilige-und-Hure-Sujet zurück: »lausige graue Biester«, mit denen sich jene vom »vornehmen Stamm der Brieftauben« niemals abgeben würden, räkelten sich »ungeniert in der Gosse«. Dachte er an die Asphalttaube? Hat es etwas zu sagen, dass Männer die Stadttaube mit solcherlei Schmähungen überhäufen und das Tier, dem vor allem seine Reproduktion vorgeworfen wird, ausgerechnet mit Frauen assoziieren, von denen keine Reproduktion mehr zu erwarten ist, denen aber unterstellt wird, diesen Umstand kompensieren zu wollen?

Die Berliner Tierärztin und Taubenschützerin Almut Malone vermutet als Ursache für den Taubenhass, dass die Vögel grau sind und in Massen auftreten, damit seien sie uns Menschen sehr ähnlich und eine vertraute Projektionsfläche. Vielleicht ist es aber auch der bestürzende soziale Abstieg des Vogels, den Fahim Amir in seiner Streitschrift *Schwein und Zeit* mit dem Aufstieg des Brathähnchens einhergehen sieht. Als die Geflügelzucht industrialisiert wurde und Hähnchenfleisch immer billiger anbot, wurden Tauben als Fleischlieferantinnen uninteressant und zu nutzlosen Nutztieren, die wie einst die Bremer Stadtmusikanten ihr Obdach verloren. Auch der Mensch fühlt sich aus dem Paradies vertrieben in eine Welt, die er sich zwar selbst geschaffen hat, in der er sich trotzdem – oder deswegen – heimatlos und unbehaust fühlt. In die Alltagserfahrung des globalen Nordens übertragen: »In jener Nacht wurde die Taube für mich zu einem Sinnbild kläglich gescheiterter Existenzen«, erinnert sich die Icherzählerin an den unbeachteten Verkehrstod einer Taube, der Paulina Czienskowskis Roman *Taubenleben* eröffnet. »Eine belanglose Gestalt, die in der Masse untergeht, unter Milliarden auf der Welt. Diese Banalität widerte mich an.«

Wären Stadttauben knopfäugige Grünfinken oder Frühlingsboten wie die Schwalben, hätten sie schon längst die Schlagzeilen auf ihrer Seite und stünden auf der Vorwarnliste der bedrohten Arten. Ihr Bestand hat dramatisch abgenommen. Dennoch gelten sie weiterhin als Plagegeister.

Von einer Plage spricht der Mensch, wenn auf einem Territorium, das er für sein eigenes hält, die Zahl der Individuen einer anderen Art ein bis zwei Prozent übersteigt. In Berlin mit seinen 3,6 Millionen Einwohner:innen wären 36 000 bis 72 000 Tauben ein amtliches Ärgernis. Schätzungen im Jahr 2019 gehen von 8 500 Tieren aus, und selbst das scheint hochgegriffen. Den Frankfurter:innen haben 2017 gefühlt 40 000 Tauben das Leben schwer gemacht. Die Ehrenamtlichen des Stadttaubenprojekts Frankfurt e. V. zählten 4 500 Tauben.

Was also ist ein Schwarm und wo beginnt die Plage? Der Schwarm ist das Zuhause der geselligen Stadttauben, die einfach nie allein sein mögen. Da sind sie nicht anders als *Homo sapiens*. Und wie diesem ist ihnen bewusst, dass Gemeinschaft und Kooperation überlebenswichtig sind. Dass Tauben sogar

Zwar malte Jean-Léon Gérôme einen Orient, wie ihn Europa imaginierte, aber Haremsdamen, die artgerecht Tauben fütterten, gab es gewiss. 1894.

einschätzen können, wann sie Hilfe brauchen, und damit das Vermögen der Metakognition besitzen, haben George, Clara, Roki und Neon an der Universität Kyoto in einem Experiment bewiesen.

Aber der Schwarm bietet auch ganz praktischen Schutz. Sein viel geschmähtes Grau wirkt wie eine Art Tarnmantel. Ist eine Bedrohung aus der Luft in Sicht, rücken die Tiere eng zusammen, bis sämtliche Konturen verschwimmen. Greifvögeln fällt es schwer, in diesem Wirbel von Grau ein Opfer ins Visier zu nehmen, sie lassen sich verwirren. Je jünger und unerfahrener sie sind, desto mehr. Habichte, die erlernt haben, sich auf leicht erkennbare weiße oder helle Tauben zu fokussieren, pflanzen sich hingegen erfolgreicher fort als andere, entdeckte der Biologe Christian Rutz, indem er Hamburger Habichtnester untersuchte: Die größten Bruterfolge hatten die Vögel mit den meisten weißen Taubenfedern im Nest. Trotzdem ist die Fortexistenz der weißen Tiere nicht bedroht, denn auch Tauben lieben das Extravagante: Weißfiedrige Artgenossinnen, die es in der Natur nicht gibt, sind begehrt. Ihre Fortpflanzungsrate ist hoch. Vermutlich, weil sie zu dem ein oder anderen Seitensprung verleiten. Inzwischen weiß man nämlich auch von den Tauben, dass sie zwar lebenslange, innige Partnerschaften führen, aber genauso wenig monogam sind wie alle anderen Tiere.

Dass für die Tauben selbst von einer anonymen grauen Masse keine Rede sein kann, versteht sich von selbst. In einem Schwarm kennen sich alle Tauben persönlich, und je nach Naturell ist mit den einen besser auszukommen als mit den anderen. Das zeigt sich auch in der Hierarchie. Und einfach nur grau sind Stadttauben sowieso nicht, sondern zeigen alle Nuancen von Graublau über Rotbraun bis Grauschwarz. Mit ihren schillernden Hälsen sind sie farbenprächtiger als viele einheimische Vögel. Dabei erzeugen nicht Pigmente das Grün und das Lila, sondern es handelt sich um Interferenz- oder strukturelle Farben: Das Licht bricht sich an feinsten Melaninstrukturen, die im Keratin der Federn eingelagert sind. Durch den Wechsel der Perspektive im Moment des Betrachtens entsteht das Schillern. Auf diese Weise kommen auch andere Vögel zu ihren strahlenden, schimmernden und schillernden Federkleidern und die Seifenblasen zu ihrem Regenbogen. Menschen sehen allerdings nur einen Teil der Gefiederpracht, weil sie viel weniger Farben erkennen als Vögel.

Auch warum nun ausgerechnet jene Vögel, die Jahrtausende lang universelles Symbol der Reinheit waren, plötzlich so viel Schmutz machen sollen, bedarf einer Erklärung. Ebenso die Umkehrung, dass ihre Ausscheidungen, die als Dünger hoch gehandelt wurden, nun Häuser und Autos kaputt machen würden. Sie sind mit einem durchschnittlichen pH-Wert von 6,5 sogar neutral. Davon wird nicht einmal der weiche Sandstein angegriffen. Der leidet nämlich wie alle unter Autoabgasen und saurem Regen. Die Taube wurde von der TU Darmstadt in fast allen Anklagepunkten freigesprochen. Nur Bleche könnten schneller rosten, wenn sie nicht gereinigt würden, war das Ergebnis einer acht Jahre währenden Testreihe.

Und was ist mit all den Krankheiten, die Tauben übertragen sollen? Das Robert Koch-Institut, höchste deutsche Instanz für Infektionskrankheiten, nennt nur die Pilzinfektion Kryptokokkose als Risiko – für Menschen mit extrem geschwächtem Immunsystem, daher zählt sie zu den Aids-definierenden Erkrankungen. Ja, die Sporen können im Kot von Tauben enthalten sein, aber auch in Erde, Staub und verrottenden Pflanzenresten, in Katzen und anderen Wirbeltieren, also überall.

Auch vor einer Ansteckung mit Trichomoniasis wird immer wieder gewarnt. Tauben werden allerdings von *Trichomonas gallinae* befallen, Menschen von *Trichomonas vaginalis*. Unter Trichomoniasis leiden vor allem Grünfinken, sie war die Ursache des großen Grünfinkensterbens in den vergangenen Jahren.

Ein Tauber, der seiner Täubin den Hof macht, oder ein kleines Abenteuer auf der Heimreise? Liebeswerben, *Fred Hall.*

Für eine Infektion mit Toxoplasmose besteht das größte Risiko auf der Katzentoilette oder beim Verzehr eines Mettbrötchens. Das Gleiche gilt für die Salmonellose, »eine klassische Lebensmittelinfektion«, und Typhus.

Wer sich nicht durch die Statistiken des Robert Koch-Instituts arbeiten möchte, kann eine Zusammenfassung der Ergebnisse auf der Website der Erna-Graff-Stiftung nachlesen. Die Berliner Tierschützer:innen sind auf die einzelnen Behauptungen ausführlich eingegangen: Allein der Taubenfloh, Taubenzecken, Vogelmilben und die Ornithose können nicht vollkommen ausgeschlossen werden. Die kleinen Plagegeister interessieren sich aber nicht für Menschen und sind nur lästig. Ornithose kann auch von Gänsen, Enten, Hühnern, Papageien und Wellensittichen übertragen werden, aber das Robert Koch-Institut verzeichnet die meldepflichtige Krankheit nur sehr selten und nahezu immer bei Züchtern.

Tauben haben wie alle Vögel mit 41 Grad eine hohe Körpertemperatur, die sie beneidenswert zuverlässig vor Viren und Bakterien schützt. Unter guten Bedingungen können sie leicht über zwanzig Jahre alt werden. Was die Widerstandskräfte der Stadttauben zerstört und sie krank macht, sind Hunger und Fehlernährung. Gern wird der Schweizer Biologe Daniel Haag-Wackernagel zitiert, der behauptet, die Stadttaube sei eine Allesfresserin geworden und habe sich »völlig an das Nahrungsangebot der Stadt angepasst«. Der Beweis: dort »frisst sie beinahe alles, z. B. auch Fleisch, Schokolade, Käse und saure Gurken«. Dass Straßentauben an Mineralstoff- und Vitaminmangel leiden und deshalb »durch die artuntypische Aufnahme von Knospen und Blättern« Schäden an Grünanlagen verursachen, sieht er durch »die einseitige Ernährung der Taubenfütterer« verschuldet. Dabei gehören Knospen und Blätter zum natürlichen Nahrungsspektrum von Feldtauben, aber eine Taube, die Bratwurstreste und Schokokekse frisst, ist verzweifelt. Für den Basler besteht die Grundwurzel allen Taubenübels ohnehin in pathologischen Tierfreund:innen, die »ihre Betreuungsappetenz [...] auf das inadäquate Objekt« richten. Er vertritt die Meinung, dass es keine Tauben und also auch kein Problem gäbe, wenn diese Unbelehrbaren nicht weiter füttern würden, »oft behinderte, ältere und vereinsamte Menschen, die ihr Bedürfnis nach einem Mitgeschöpf, das sie betreuen und versorgen können, an den Tauben ausleben«.

Haag-Wackernagel könnte man ignorieren, denn seine nicht mehr lieferbare Publikation *Die Taube* ist schon 1998 erschienen und in mehr als den genannten Aspekten falsch. Leider gilt sie heute noch als das Standardwerk zur Stadttaube und der Autor als Experte. Vor allem für Kommunen, die Fütterungsverbote erlassen, und für Schädlingsbekämpfer. Marktführer Rentokil bezieht sich gern auf Haag-Wackernagels Expertise, dass »Elektrosysteme mit tiefer Spannung oder variablem Widerstand, Spanndrahtsysteme, Spikes-Systeme [...] und Daddi-Long-Legs (Edelstahldrähte, die das Landen verhindern)« die Mittel der Wahl seien. Dabei bewirken all diese Vorrichtungen nichts, sind aber die häufigste Quelle für schwere und oft tödliche Verletzungen. Letzten Endes sorgen sie nur dafür, dass die standorttreuen Tauben eine Straße weiterziehen, wo dann wiederum Bedarf an den Dienstleistungen aufkommt, die ein Millionengeschäft geworden sind. Weil das mit den Spikes so gut klappt, werden sie in London vor Schaufenstern und in

Ein altehrwürdiges Gewerbe: Der Händler mit Taubenfutter auf dem Markusplatz in Venedig, 1896.

Hauseingängen auch zur Vergrämung von Obdachlosen angebracht.

In den aufgeregten Diskussionen wird die Stadttaube selbst kaum beachtet. All die Feldzüge gegen sie führen zu vielen Opfern unter den Vögeln, bringen aber ihren Feinden keinen Erfolg. Weil sie über Jahrtausende als Dienstleisterin gezüchtet wurde, brütet sie viel häufiger als Felsentauben – eine Steuerung ihrer Vermehrungsfrequenz, die bei Wildtieren in der Tat auch vom Futterangebot, von der Populationsdichte und von der Jahreszeit abhängt, wurde weggezüchtet, daher haben Fütterungsverbote zwar mehr verhungernde, kranke Tauben zur Folge, aber nicht weniger Nachwuchs.

Dabei ist die Lösung so einfach: Kommunen, die ihren Tauben geeignete Häuser zur Verfügung stellen, machen durchweg gute Erfahrungen.

Tauben richten nicht mehr Schäden an als andere Tiere, sie übertragen nicht mehr Krankheiten – trotzdem sind Debatten über sie aufgeladen, als ginge es um die Rettung des Abendlandes. Was angesichts der Fakten keinen Bestand hat, muss also einen anderen Hintergrund haben. Was unterscheidet Tauben von allen anderen tierischen Stadtbewohnern?

Tauben sind tagaktiv und die einzigen Tiere, die in größeren Gruppen den Menschen begegnen. Alle anderen wild lebenden Stadttiere sind nachtaktiv oder unauffällig oder gelten als niedlich, wie Eichhörnchen beispielsweise. Wenn sich Vögel in der Stadt zu großen Schwärmen zusammenschließen, sind das kurzzeitige, viel bestaunte Spektakel, etwa rund um die Berliner Museumsinsel, wo sich im Spätsommer Zehntausende Stare versammeln, bevor sie sich in ihr Winterquartier aufmachen. Die einzigen anderen Vögel, die in Schwärmen leben und die Wege der Passanten kreuzen, sind Spatzen. Die längste Zeit galten sie als lästig und wurden verscheucht – bis sie auf der Vorwarnliste der bedrohten Arten landeten. Inzwischen ist das Füttern der selten gewordenen Haussperlinge ein gesellschaftlich anerkanntes Vergnügen.

Dieser willkürlich scheinende Wandel der Vorlieben und Abneigungen legt die Deutung nahe, dass nichtdomestizierte Tiere, die sich in größerer Zahl im städtischen Raum bemerkbar machen, stets als Eindringlinge in das Territorium der Menschen gelten und damit auf deren Wohlwollen angewiesen sind. Während die Stadt den Menschen und vielleicht noch ihren Gefährtentieren vorbehalten ist, wird allen nicht menschlichen Erdenbewohnern eine nicht näher lokalisierte, auf jeden Fall aber anderswo liegende Natur zugewiesen. Die Stadt der Moderne als Handlungsraum einer Kultur- oder wohl eher Anthropogeografie kennt nur zweckgebundene Orte. Ein freier Raum ist eine Brache, die den Übergang zu einer neuen Nutzung darstellt. Für Natur, die aus sich selbst heraus entsteht und existiert, ist in der Stadt der Moderne kein Platz vorgesehen. Dass dies jenseits marktwirtschaftlicher Verwertungslogik auch eine tiefere Ursache in der Psyche des Menschen hat, erörtert Colin Jerolmack, Professor für Soziologie und Environmental Studies an der New York University, in seinem Beitrag *How Pigeons Became Rats: The Cultural-Spatial Logic of Problem Animals*. Darin folgt er der britischen Anthropologin Mary Douglas, die in ihrem religionsethnologischen Werk *Reinheit und Gefährdung* der Ordnung der Dinge auf den Grund ging. Von zentraler Bedeutung sind darin die Kategorien von schmutzig und rein – nicht im Sinne der Hygiene, sondern in der Frage, ob etwas an einen Platz gehört oder nicht. In den Zuweisungen, die auch Dichotomien wie männlich und weiblich oder menschlich und tierisch beinhalten, sieht sie den Kern religiöser Systeme. Nach dieser Definition ist Schmutz nichts Absolutes, sondern Materie am falschen Platz: Feinkrümelige Muttererde im Gemüsebeet ist die Freude jeder Gärtnerin, feinkrümelige Muttererde auf dem Küchenfußboden ist Dreck. Anhand unserer »eigenen Vorstellungen von Schmutz« ließe sich feststellen, »daß wir eine Art Gesamtkompendium verwenden, das alle verworfenen Elemente geordneter Syste-

In mancher kleinen Züchterwelt müssen die Geschlechter ordentlich unterscheidbar sein. Diesen anthropozentrischen Idealbildern stellte die Künstler:innengruppe Kollektiv Tod natürliche Schönheiten gegenüber, die sie auf der Straße getroffen hatte, 2013.

me umfaßt«. Das »Bemühen, Schmutz zu meiden«, versteht sie als »eine kreative Handlung, [den] Versuch, eine Verbindung zwischen Form und Funktion herzustellen, unsere Erfahrung zu vereinheitlichen«.

Was die Grundlage religiöser Systeme zu bilden vermag, hat auch Einfluss auf die Konstitution einer Gesellschaft sowie den Blick des Einzelnen auf seine Welt und damit auch auf die Stadt. Er fragt sich: Wer gehört hierher? Wer nicht?

Colin Jerolmack wertete für seine Studie »Wie Tauben zu Ratten wurden« alle Jahrgänge der *New York Times* von 1851 bis 2006 sowie diverse englischsprachige Publikationen aus der ganzen Welt von 1990 bis 2006 aus und untersuchte, wann, wie und warum Tauben ein Thema für die Presse waren. Das erste Ergebnis: Auch in New York wurden die Tauben erst in den 1960er-Jahren zu unerwünschten Elementen erklärt. Die Behauptung, dass Tauben eine Kryptokokken-Meningoenzephalitis übertragen könnten, wurde schon 1964 wissenschaftlich widerlegt. Am 22. Juni 1966 beklagte dann Thomas B. Hoving, der Zuständige für den Bryant Park in Midtown Manhattan, den Niedergang der Grünanlage, wo »Homosexuelle [...] den Bürgern Grimassen schneiden und Penner sich nach ihrem Entzug im Bellevue schnurstracks niederlassen«, Obdachlose hausen und schließlich die Tauben, die »hartnäckigsten Vandalen« von allen, »unseren Efeu, unser Gras, unsere Blumen fressen und die Gesundheit bedrohen« – und die trotzdem alle füttern wollten. Die Tirade schließt mit dem denkwürdigen Begriff »rats with wings« und der Hoffnung, dass »eine Säuberung« wieder ein besseres Publikum anziehen möge. Nun galt es, soziale Devianz – Homosexuelle, Alkoholkranke, Obdachlose und ihr frisch gekürtes Wappentier, die Taube – aus dem Stadtbild zu verbannen, um dem Mutwillen, mit dem sich die einen an öffentlichem Eigentum und die anderen an der sozialen Ordnung vergreifen würden, Einhalt zu gebieten. In der folgenden Dekade wurden Tauben als »Gammler der Vorstädte« diffamiert, als schmutzig, lästig und fremdartig, als »Kakerlaken der Lüfte« und natürlich immer wieder als »rats with wings«, denen der Bürger hilflos ausgeliefert sei. Die Säuberungsfantasien eines städtischen Angestellten adelte dann Woody Allen in seinen *Stardust Memories*. Er machte der Ächtung »Ratten der Lüfte« den Weg frei in eine Populärkultur, die Bücher wie *Canceled Flight: 101 Tried and True Pigeon Killin' Methods* originell findet, aber mit Popkultur so viel zu tun hat wie Bing Crosby mit Velvet Underground.

Pathologisch ist tatsächlich nur die tief sitzende Angst, dass die Natur Chaos und Verwüstung über das bringt, was der Mensch seine Zivilisation nennt. Weil zu deren Errungenschaften zweifellos auch die Überwindung tödlicher Krankheiten zählt, wiegt die Metapher der Ratte, die anspielt auf die Urangst vor der Pest, umso schwerer. Dass nicht der Rattenfloh den Schwarzen Tod übertrug, sondern die Flöhe und Läuse der Menschen die Infektion weitergaben, ist eine neuere Erkenntnis, die einmal mehr zeigt, dass der Mensch des Menschen größter Feind ist.

Colin Jerolmack findet diese Angst vor einer disruptiven Natur in der Überzeugung wieder, dass Stadttauben mit ihrer unkontrollierbar scheinenden Anwesenheit das Stadtbild ungebändigt wirken lassen – analog zur Broken-Windows-Theorie. Tiere werden zum Problem, wenn sie die Dichotomie von Natur und Kultur ignorieren, eine der Grundfesten der westlichen Moderne, und die Grenzen überschreiten, die die Anthropogeografie des vergangenen Jahrhunderts zog.

Stadttauben sind zwar die auffälligsten tierischen Stadtbewohnerinnen, aber tatsächlich nur wenige unter den zahlreichen Angehörigen vieler Arten. In Berlin haben allein rund vierzig wilde Säugetierarten ein Habitat gefunden. In ihrer Schrift

Kuss eines Taubenpaars. *Andrew Garn porträtierte acht Jahre lang täubische New Yorker Persönlichkeiten.*

Zoopolis. Eine politische Theorie der Tierrechte definieren Sue Donaldson und Will Kymlicka Stadttauben wie Eichhörnchen, Wanderfalken oder Kojoten als Schwellenbereichstiere: Spezies, die aus verschiedenen Gründen in menschlichen Ansiedlungen leben. Weil sie sich Vorteile versprechen wie ein wärmeres Klima, mehr Nahrung oder Schutz vor Jägern, weil sie Kulturfolger oder verwilderte Haustiere sind oder – und das ist immer häufiger die Ursache – weil die Menschen in ihr Habitat eindrangen und sie damit Vertriebene in ihrer eigenen Heimat sind. Während Haustiere und Wildtiere einen gesetzlichen Schutz zwar nicht immer genießen, aber haben, ist die Situation für Schwellenbereichstiere prekär, sobald sie in den kritischen Blick der Menschen geraten. Die Dichotomien von domestizierten Tieren und Wildtieren, von Stadt und Natur lassen keinen Raum für sie in dem Bereich, den Menschen als ihr Territorium betrachten, sondern delegitimieren ihre Anwesenheit. Retten kann sie nur ein positives Ergebnis der Kosten-Nutzen-Analyse, der Homo oeconomicus alles zu unterziehen pflegt. Werden sie nicht als niedlich oder schön, interessant oder wenigstens nützlich für irgendein Ökosystem empfunden, gelten sie als unerwünscht und überflüssig, und es ist nur ein kleiner Schritt zu ihrer Eliminierung. Doch Schwellenbereichstiere kommen nicht von irgendwoher, aus irgendeiner Wildnis, ihr Habitat sind die Städte, an die sie sich vielleicht ursprünglich nicht freiwillig, aber hervorragend angepasst haben. Auch für die Stadttauben gibt es keinen natürlichen Lebensraum, an den sie abgeschoben werden könnten, denn sie sind von Menschen gemacht.

Ob Schwellenbereichstieren Sympathie oder Antipathie entgegengebracht wird, ist willkürlich. Kulturelle Erbschaften spielen bei Speziesismus ebenso eine Rolle wie anders gelagerte Interessen, ergab Colin Jerolmacks Analyse. Ende des 19. Jahrhunderts gerieten die New Yorker Spatzen ins Visier. Die einst zur Bekämpfung von Würmern eingeführten Sperlinge galten als englische Vögel und wurden in jenen Jahren, in denen viele europäische Einwanderer in die USA kamen, als »Bedrohung des amerikanischen Ökosystems«, als »schmutzige, nutzlose Immigranten« und »unfaire Konkurrenz zu den einheimischen Vögeln« diffamiert.

Sue Donaldson und Will Kymlicka sind bekennende *Star-Trek*-Fans und begeistern sich für eine »Ethik der interspezifischen Kontaktaufnahme, Koexistenz und Kooperation«. Auch auf dem Planeten Erde ist es höchste Zeit für eine Ethik, die alle Geschöpfe miteinbezieht: »Begegnungen mit neuen ›Lebensformen‹ sollten von Vorsicht, Neugier und Respekt gesteuert werden.« Wie in der Föderation sollten die »fähigsten Diplomaten [...] mit den besten wissenschaftlichen Erkenntnissen und raffiniertesten technischen Ressourcen« ausgesandt werden, »um die Verständigung nach Möglichkeit zu erleichtern«.

Wer, wenn nicht die Stadttaube, wäre die fähigste Diplomatin? Diese Meisterin der interspezifischen Kommunikation, die exzellente Beobachterin, die die Menschen schon seit Jahrtausenden erforscht. Und wer ihr freundlich begegnet, weiß, dass sie nicht nachtragend ist, sondern jederzeit zu einem Friedensschluss bereit.

Portraits

Eine Auswahl von elf aus 344 Arten zu treffen heißt, elf winzige Mosaiksteine eines riesigen Gruppenbildes dieser alten Vogelfamilie zu betrachten, von deren Geschichte wir längst nicht alle Kapitel kennen. Sogar die wilde Ahnin der berühmtesten aller Tauben ist im Grunde eine Unbekannte: Die Felsentaube ist in unwegsamen Gebieten zu Hause und meidet Menschen aus gutem Grund. Ihr sei daher ein Porträt gewidmet wie allen anderen Tauben, denen wir in Europa begegnen oder begegnen könnten. Stellvertretend für die vielen Arten der oft endemischen und immer seltenen Fruchttauben sind die Lilakappen-Fruchttaube und die Rosentaube porträtiert. Als typische Erdtaube und nächste noch lebende Verwandte des ausgerotteten Dodos hat auch die Kragentaube eine nähere Betrachtung verdient.

Analysen der mitochondrialen DNA, des stammesgeschichtlich ältesten Bestandteils aller Tiere, deuten darauf hin, dass auf dem amerikanischen Kontinent der Ursprung der Taubenvögel zu finden ist. Hier leben auch die stammesgeschichtlich ältesten Columbiformes: die Yungastaube, die ein zurückgezogenes Dasein zwischen den Anden und dem Amazonasbecken führt, sowie die zahlreich auftretende Ohrflecktaube, eine von sieben Trauertaubenarten, und die Jamaika-Erdtaube. Obwohl zwischen den beiden Letzteren keinerlei Ähnlichkeiten zu entdecken sind, haben sie vermutlich einen gemeinsamen Vorfahren. Gründe genug, um auch sie vorzustellen.

Felsentaube
Columba livia

Rock dove
Pigeon biset

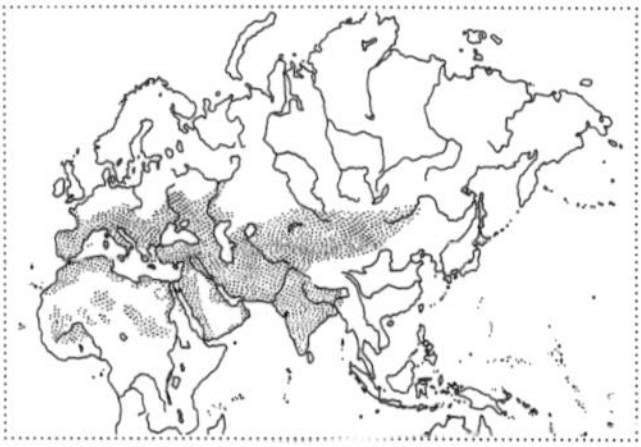

Die Felsenbrüter leben standorttreu in Kolonien auf unzugänglichen Felsen, gern mit Meerblick: »ein stehender Felsen mit steilen Wänden beherbergt sie gewiß«, beobachtete Alfred Brehm und war beindruckt von ihrer Anpassungsfähigkeit. In versteckten Karsthöhlen fand er sie ebenso vor wie in Hochgebirgen und schwefelspeienden Vulkankratern, er sah sie sogar schwimmen und tauchen. Felsentauben mögen offene Landschaften wie Ackerland, Steppen und Wüsten. In der Brutzeit pflegen sie ihre Paarbeziehung, während die geselligen Tiere sonst das Leben im schützenden Schwarm vorziehen. Ist das Nahrungsangebot knapp, teilen sie sich zur Futtersuche in kleine Gruppen auf. Rund um ihre Felsenwohnungen in bis zu 4500 Metern Höhe finden die Tauben keine Sämereien, deshalb müssen sie zur Futtersuche oft 50 Kilometer und mehr zurücklegen. Auf diese Weise haben sie ihr außerordentliches Heimfindevermögen ausgebildet. Bei einer Körperlänge von 31 bis 34 Zentimetern wiegt *Columba livia* 240 bis 300 Gramm und zählt damit zu den mittelgroßen Taubenvögeln.

Die Felsentaube gilt mit geschätzt 260 Millionen Individuen weltweit, davon 22 bis 45,2 Millionen in Europa, zwar nicht als gefährdet, doch in Israel wurde ein Abnehmen ihrer Art beobachtet. Als eine Ursache wird die Kreuzung mit verwilderten Haustauben gesehen. Felsentaubenpopulationen in Nordeuropa, in der Mongolei und in China könnten Kolonien verwilderter Haustauben sein. Wegen ihrer langen Domestikationsgeschichte lässt sich das nicht mehr feststellen.

Ringeltaube
Columba palumbus

Common wood pigeon

Pigeon ramier

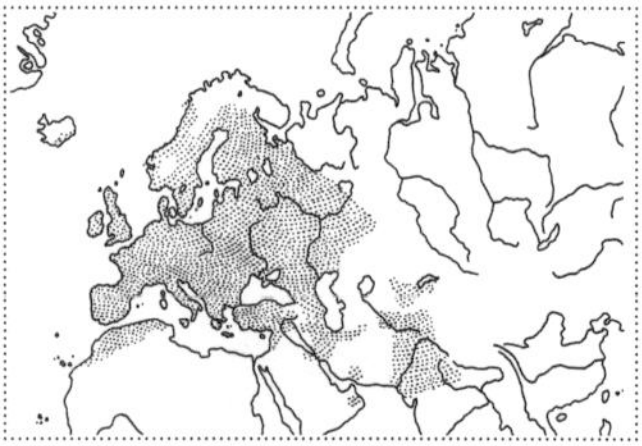

Gute Nachrichten gibt es von den Ringeltauben: Sie haben sich eingelebt in Kulturlandschaften und werden wieder zahlreicher. Dabei sind sie Waldvögel mit einer Affinität zu Nadelbäumen: Sie lieben Tannen-, Fichten- und Kiefernsamen. Doch wissen sie auch die Vorzüge eines Ökotons zu schätzen, des Übergangsbereichs zweier Ökosysteme wie Waldränder oder Baumreihen. Die gibt es in Städten und besonders in Berlin reichlich. Dort wurden 2019 die meisten der 2,6 bis 3,1 Millionen Paare hierzulande gesichtet. War der Baumvogel früher im nördlichen Teil Deutschlands nur zur Brutzeit anzutreffen, begegnet man ihm heute immer öfter auch im Winter. Die Rückkehrenden suchen nicht zwingend ihr altes Revier auf, sondern entscheiden nach dem Nahrungsangebot. Neben Sämereien mögen sie Heidelbeeren, Schnecken und Regenwürmer, Eicheln und Bucheckern. Ringeltauben zeigen einige Ähnlichkeiten mit Fruchttauben: Obwohl sie ihr Futter größtenteils auf dem Boden suchen, pflücken sie auch gern Samen, Beeren oder Knospen, und ihr Schlund dehnt sich so weit, dass sie mühelos Eicheln und Gehäuseschnecken schlucken können. Dank dem Klammermechanismus, der viele Vögel vor dem Herunterfallen bewahrt, und dicht beieinander stehender Zehen sitzen die großen, kräftigen Vögel bequemer auf Ästen als Felsentauben und am liebsten in den dürren Wipfeln der höchsten Bäume. Während der Brutzeit von März bis August sind Ringeltauben als Paar oder Familie unterwegs, danach schließen sie sich bis zum Frühjahr wieder zu größeren Schwärmen zusammen.

Hohltaube
Columba oenas

Stock dove
Pigeon colombin

Schon in den 1860er-Jahren beobachtete Alfred Brehm, dass immer weniger Hohltauben aus ihren Winterquartieren in Südeuropa zurückkehrten, und wusste auch den Grund für ihr Ausbleiben: Weil immer mehr Wald gerodet wurde, hatten sie es von Jahr zu Jahr schwerer, Nistplätze zu finden. Hohltauben legen ihre Eier in Baumhöhlen, um die sie mit Spechten, Staren, Dohlen und Blauracken konkurrieren müssen. Dabei ziehen sie oft den Kürzeren. Weil sie dreimal im Jahr brüten, aber die Nester nicht sauber halten, brauchen sie sogar drei Baumhöhlen in einer Saison. Kein Wunder, dass Hohltauben für ihr Gelege jedes Risiko eingehen und ihre Eier niemals verlassen. Warum sie nicht als gefährdet gelten, ist rätselhaft. Zwar steigt ihre Anzahl dank Schutzmaßnahmen wieder, bewegt sich aber mit 1,4 bis 2,6 Millionen erwachsenen Individuen, davon rund 80 Prozent in Europa, auf niedrigem Niveau. Lebte der Vogel ursprünglich an Waldrändern und in Waldsteppen, hat er sich längst mit Kulturlandschaften arrangiert. Wo er keine Baumhöhle ergattert, nimmt er zur Not mit Kaninchenbauen und sogar Erdlöchern vorlieb und akzeptiert Nistkästen. Ein Nest bauen Hohltauben sowieso nicht, sondern legen die Eier auf den blanken Grund. Die Paare sind unzertrennlich. Wenn die Täubin brütet, sitzt der Tauber daneben und unterhält sie. Bei der Futtersuche mischen sie sich oft unter Ringeltauben. Felsentauben und ihre Verwandten betrachten die dunkeläugige Hohltaube als eine der ihren, und es wurden auch schon Paarungsversuche beobachtet. Zum Überwintern bilden Hohltauben große Schwärme.

Türkentaube
Streptopelia decaocto

Eurasian collared dove

Tourterelle turque

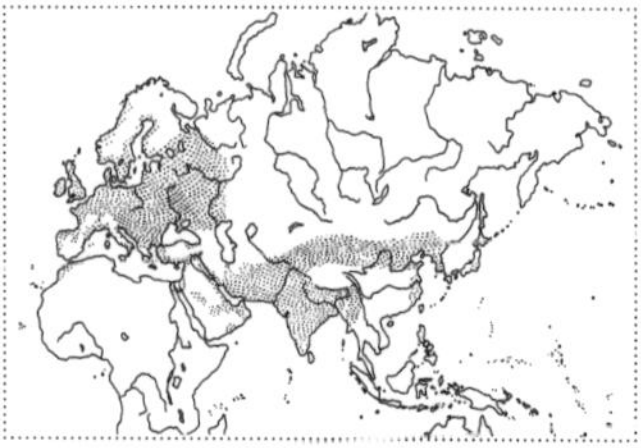

Der sandfarbene Vogel mit dem markanten schwarzen Band im Nacken hat sich in den 1950er-Jahren in Mitteleuropa ausgebreitet. Türkentauben sind von kleinerem Wuchs als Stadttauben und stammen aus südasiatischen Halbwüsten und Steppen. Im 18. Jahrhundert hatten sie sich in Anatolien niedergelassen, hundert Jahre später auf dem Balkan. Nach dem Zusammenbruch des Osmanischen Reichs wurden die Vögel als Stellvertreter der verhassten Osmanen in Europa verfolgt und ausgerottet. Nur in muslimischen Gebieten wie Mostar und Sarajevo überlebten sie. Der neuerliche Vorstoß der migrationsfreudigen Vögel hält noch immer an, aber hat sich verlangsamt. In Mitteleuropa fühlen sich die Türkentauben in Gärten, Parks und auf Friedhöfen am wohlsten. Diese Orte kommen ihrem ursprünglichen Habitat – trockenem offenem Land mit ein paar Büschen und Akazien hier und da – am nächsten. Während der Brutzeit von März bis September sind sie meistens als Paar unterwegs. Sie führen zwar eine Saisonpartnerschaft, finden aber im Folgejahr oft wieder in derselben Konstellation zusammen. Im Winter versammeln sie sich in Schwärmen auf gemeinsamen Schlafbäumen – jede Taube auf ihrem angestammten Platz – und an reichhaltigen Futterquellen. Sie leben bis in 2400 Meter Höhe und halten es sogar auf 3000 Metern aus. Für die Expansion sorgen die Jungtiere, die nie in der Nähe der Eltern bleiben. Ist ein Gebiet von den ihren schon dicht besiedelt, ziehen sie etwa 200 Kilometer weiter, bilden Vorposten und erschließen von dort aus die Umgebung.

Turteltaube
Streptopelia turtur

European turtle dove
Tourterelle des bois

Mit einer Länge von 26 bis 28 Zentimetern ist die Turteltaube die kleinste der europäischen Columbiformes. Bei aller Taubenhaftigkeit ist sie eine grazile Erscheinung und hat die spitz zulaufenden schlanken Flügel einer Langstreckenzieherin. An ihrem unverwechselbaren Federkleid und dem langen stufigen Schwanz wäre sie leicht erkennbar, wenn man sie sehen würde. Der Vogel des Jahres 2020 ist von Ausrottung bedroht und steht seit 2019 auf der Roten Liste. Die Verursacher seiner Not sind vor allem Bauern und Jäger. Seit 1980 ist die Population um 90 Prozent zurückgegangen. Heute gibt es in Deutschland nur noch maximal 22 000 Brutpaare – für die Weltnaturschutzunion IUCN nicht mehr genug, um es als Brutgebiet zu nennen. Für ganz Europa werden 3,1 bis 5,9 Millionen Turteltauben geschätzt – wie lange noch, lässt sich leicht ausrechnen: Jedes Jahr werden in Süd- und Osteuropa 2 bis 3 Millionen Tiere abgeschossen, ganz legal auch in zehn EU-Ländern. Hinzu kommen die ungezählten Jagdopfer in Afrika.

Die Turteltauben, die zwei lange Züge überstanden haben und ins Land ihrer Herkunft zurückkehren, finden sich zu Paaren zusammen, um zweimal zu brüten. Im Brutgebiet sind sie allein oder zu zweit anzutreffen, an Stellen mit einem reichen Nahrungsangebot auch mal in größeren Gruppen. Für ihre Züge schließen sie sich zu großen Schwärmen zusammen, die auch an Wasserstellen in Subsahara-Afrika beobachtet werden. In der Sahara, in Südlibyen und im nördlichen Tschad sind die Turteltauben standorttreu. Benannt sind sie nach ihrem Ruf: »turtur«.

Lilakappen-Fruchttaube
Ptilinopus coronulatus

Coroneted fruit dove
Ptilope à couronne lilas

Die kleine bunte Taube ist nahezu unsichtbar in den Fruchtbäumen, in denen sie allein oder zu zweit zu sitzen pflegt. Nur wenn ein Baum besonders viele reife Früchte trägt, finden sich weitere Artgenossinnen und andere Fruchttauben ein. Größere Wanderungen scheint sie nicht zu unternehmen, und am Boden ist sie in der Regel nur bei trockenem Wetter anzutreffen, wenn sie ihren Durst an Pfützen stillt. Die Feige ist ihre Hauptnahrung, am zweitliebsten mag sie Lorbeer. Lilakappen-Fruchttauben leben im Tiefland Neuguineas, das Hochgebirge im Landesinneren meiden sie, doch hier und da gelangen sie auch mal auf 1200 Meter Höhe. In der Gegend um die Hauptstadt Papua-Neuguineas, Port Moresby, wurden 16 Individuen auf zehn Hektar geschätzt – was sie zur häufigsten Fruchttaube macht. Wie viele ihrer Art es überhaupt gibt, ist unbekannt, denn weite Teile der Insel sind nicht erschlossen. Damit das so bleibt und die einzigartige Welt fortbestehen kann, werden immer mehr Gebiete des unberührten Waldes unter Schutz gestellt – gute Aussichten für die Tiere. *Ptilinopus coronulatus* lässt sich zwar auch in Sekundärwald nieder, der auf abgeholzten Urwaldflächen wächst, aber lieber sind ihr Regen- und Monsunwald, Weichholzauen, Mangroven- oder Galeriewälder.

Mit 21 Zentimetern Länge sind die endemischen Flaumfußtauben kleiner als Amseln. Sie legen ein Ei und brüten 18 Tage. Dafür kann das Küken schon nach weniger als 12 Tagen das Nest verlassen, wenn es sein muss. Auf elterliche Fürsorge kann es sich noch länger verlassen.

Rosentaube
Nesoenas mayeri

Pink pigeon

Pigeon rose

Um ein Haar würden die ungewöhnlich akrobatischen Tauben heute nicht mehr in den Bäumen herumturnen. In den 1990er-Jahren gab es nur noch neun ihrer Art. Der Mauritian Wildlife Fund startete ein zweites Zuchtprogramm, um eine Population von 600 frei lebenden Individuen zu etablieren. Inzwischen leben wieder 450 Rosentauben in mehr oder weniger natürlicher Umgebung. Ein wenig kleiner als Ringeltauben, ihre stammesgeschichtlichen Tanten, sind sie ebenso kräftig, aber haben einen etwas längeren Hals. Die rosa Vögel mit braunen Flügeln sind endemisch und auch als Mauritiustaube bekannt. Der Name beschönigt allerdings ihre Lage, denn es gibt sie nur noch im Südwesten von Mauritius, wo ein paar kümmerliche Reste des feuchten Bergwaldes übrig sind, der einst die gesamte Insel bedeckt hatte. Und damit ist auch schon einer der Gründe für ihr Verschwinden genannt: das Abholzen der Bäume, das mit der Besiedelung der Insel seinen Anfang nahm. Auf der Suche nach Nahrung – Früchte, Blätter und Blüten – fliegen Rosentauben bis zu acht Kilometer. Egal, ob sie alleine, paarweise oder in kleinen Gruppen unterwegs sind, sie stehen unter strenger Bewachung. Heute noch sind außer Holzfällern die jagenden Menschen ihre ärgsten Feinde, gefolgt von Ratten, Affen und Indischen Mungos. Trotzdem sind sie ein hoffnungsvolles Beispiel, dass gelingen kann, was derzeit auch bei der mexikanischen Socorrotaube versucht wird: aus Tieren in Gefangenschaft genug Individuen zu züchten, um eine neue Population zu gründen.

Kragentaube
Caloenas nicobarica

Nicobar pigeon / Vulturine pigeon
Nicobar à camail

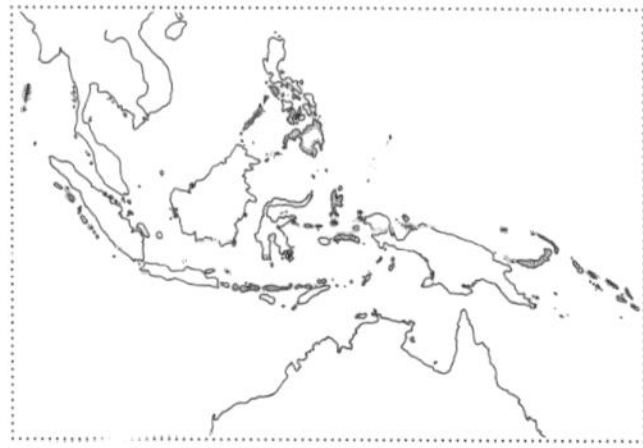

Dass die Erdtaube im Englischen auch *Vulturine pigeon* heißt – Geierartige Taube – und zu den atypischen Vertreterinnen ihrer Familie zählt, hat sie ihrem Federkleid zu verdanken. Ab da, wo ein Kragen sitzen würde, sind ihre Federn lang und scheinen sich zu bauschen, was ihren Kopf kahl erscheinen lässt. Flügel, Nacken und Mantel glänzen metallisch in Blau, Grün, Kupferrot und Bronze. Mit einer Länge von 34 Zentimetern ist sie etwas größer als eine Stadttaube und wirkt kräftiger.

In der Dämmerung machen sich die Vögel zu Fuß auf die Suche nach Früchten, Sämereien, Nüssen und Insekten. Anders als die Fruchttauben haben sie einen dickwandigen Muskelmagen mit Reibeplatten aus Horn, der mithilfe von Sand und Steinchen auch harte Nüsse verdaut. Kragentauben leben die meiste Zeit des Jahres nomadisch in Wäldern. Sie sind höchstens zu dritt oder zu viert unterwegs. Nur zur Brutzeit schließen sie sich zu Schwärmen zusammen und nisten auf unbewohnten bewaldeten Inseln. In den Brutkolonien können sich Tausende Vögel versammeln, manche Bäume tragen mehrere Nester. Weil es auf den kleinen Inseln nicht genug Nahrung gibt, kommen die Tauben frühmorgens und am späten Nachmittag in großen Schwärmen übers Meer geflogen. Die Kragentaube hat Glück, dass zwei ihrer Habitate, die Nikobaren und die Andamanen, nur mit Genehmigung der indischen Regierung zugänglich sind. Auch wenn *Caloenas nicobarica* ein großes Verbreitungsgebiet hat, weiß niemand annähernd, wie viele ihrer Art existieren. Sicher ist nur, dass die Vögel selten bis außergewöhnlich sind.

Yungastaube
Leptotila megalura

Yungas dove
Colombe à face blanche

Mit 29 bis 32 Zentimetern Länge ist die Erdtaube kleiner als eine Stadttaube und ähnlich unauffällig. Das Zartrosa an Brust und Bauch und die *Leptotila*-typischen rotbraunen Unterseiten ihrer Schwingen sind erst auf den zweiten Blick zu sehen. Sie lebt zurückgezogen in den Wolken- und Nebelwäldern an den Osthängen der Anden, in trockenen Laubwäldern und fruchtbaren Gebirgstälern des bolivianischen Yungas, zwei parallel zu den Cordilleren verlaufende Täler, die sich bis nach Argentinien erstrecken. Allein oder zu zweit stöbert die Yungastaube nach Sämereien, Larven und Raupen, nimmt aber auch mit Mais und anderen Feldfrüchten vorlieb. Viel unterwegs sind die scheuen Vögel nicht, und vor Verfolgern bringen sie sich lieber zu Fuß in Sicherheit. Sie flüchten in tief hängende Zweige, während sie Baumkronen nur aufsuchen, um zu rufen. Auf abgeweideten Wiesen oder brandgerodeten Arealen sind sie daher nicht anzutreffen. Immerhin bauen sie ihre Nester in 2,5 bis 13 Metern Höhe. Schade, dass wir die Yungastauben nicht besser kennen. Sie könnten uns einiges über die Geschichte ihrer Familie erzählen. Die Analyse ihrer mitochondrialen DNA lässt vermuten, dass *Leptotila megalura* die älteste Art der heute noch lebenden Tauben ist und jener Urform am nächsten, der die Singvögel einst das Leben schwermachten. Doch man weiß weder, wann genau, wie oft oder wie lange sie brüten, noch existiert eine nur vage Vorstellung, wie viele Yungastauben es gibt, man weiß nur, dass sie selten und schwer zu entdecken sind, die obligatorischen zwei Eier legen und diese cremeweiß sind.

Ohrflecktaube
Zenaida auriculata

Eared dove

Tourterelle oreillarde

Wenn etwa alle drei Jahre Ohrflecktauben über das Tiefland im Nordosten Brasiliens hinwegziehen, sind Schwärme von bis zu einer Million Vögel zu bestaunen. Zu viel, finden die Brasilianer. Sie jagen die kleine Trauertaube als Schädling. Das Gleiche geschieht ihr in Argentinien: Dort führt *Zenaida auriculata* ein Nomadenleben und sucht sich immer wieder neue Brutplätze, wo bis zu fünf Millionen Vögel zusammenkommen können. Diese großen Wanderungen einer Art, die im Andenhochland und auf den karibischen Inseln standorttreu lebt und nur paarweise oder in kleinen Gruppen anzutreffen ist, sind ein Mysterium. In den Anden wird nach der Brutzeit allenfalls ein begrenztes Ausschwärmen in Ackerbaugebiete bis in 4400 Meter Höhe beobachtet. Sowohl die Wanderungen als auch die Standorte der großen Brutkolonien und die Brutzeiten richten sich wahrscheinlich nach dem Nahrungsangebot. Während die Ohrflecktauben in Lima, Cusco und Quito Sämereien, kleine Früchte, Schnecken und Insekten aufpicken, nehmen sie auf den Feldern in Argentinien und Venezuela mit Sorghumhirse, Mais und Weizen vorlieb. Was bleibt ihnen auch anderes übrig in den Monokulturen der Agrarfabriken?

An ihrem getupftem Federkleid und den großen schwarzen Augen lassen sich die knapp amselgroßen Vögel leicht als Trauertauben erkennen. Die beiden schwarzen Striche neben den Augen gaben ihnen ihren Namen. Auch *Zenaida auriculata* zählt zu den stammesgeschichtlich alten Columbiformes.

Jamaika-Erdtaube
Geotrygon versicolor

Crested quail-dove
Colombe versicolore

Die feuchten Bergwälder in Höhen von bis zu 1800 Metern, in denen die Wachteltaube zu Hause ist, müssen immer öfter Plantagen und Infrastruktur weichen. Der standorttreue Vogel, der tief im schattigen Wald nach Sämereien, Früchten, Insekten, Larven, Schnecken und Raupen stöbert, hat nicht viele Ausweichmöglichkeiten. Weil er ein relativ großes Gebiet braucht, in dem er ungestört ist und Verstecke zwischen Wurzelgeflechten und im Unterholz findet, gilt er als potenziell gefährdet. Zwar lebt er sehr zurückgezogen und ist höchstens zu zweit unterwegs, doch das rundliche Tier läuft lieber weg, als dass es fliegt. Allenfalls flattert es auf tiefe Zweige, die es sonst nur aufsucht, um zu ruhen, zu rufen oder zu nisten. Oft findet sich das Nest auch auf dem Waldboden. Es gibt keine Einschätzung, wie viele Jamaika-Erdtauben leben. Man weiß nur, dass die endemischen Vögel selten sind und immer weniger werden.

G. versicolor heißt der kaum stadttaubengroße Vogel nicht umsonst: Purpur, Aubergine, Indigo, Olivgrün und Zimtbraun finden sich auf dem Mantel, an den Deck- und Schwanzfedern, der Bauch ist weinrot, während Beine und Füße korallenrot leuchten, die Halsfedern grün schillern und die Eier gelbbräunlich sind. Ihre Namen Schopftaube und Berghexe verdankt sie dem kleinen Nackenschopf und dem stöhnenden Guu-hu-uuu des Taubers. Wegen der ähnlichen Gesichtszeichnungen wird ein gemeinsamer Vorfahre von Wachtel- und Trauertauben vermutet, was sich insbesondere für die Jamaika-Erdtaube und die Ohrflecktaube auch durch die mitochondrische DNA belegen lässt.

Literaturverzeichnis

Douglas Adams, Mark Carwardine: ***Die Letzten ihrer Art. Eine Reise zu den aussterbenden Tieren unserer Erde,*** übers. v. Sven Böttcher, München 1991.

Fahim Amir: ***Schwein und Zeit. Tiere, Politik, Revolte,*** Hamburg 2018.

Andrew D. Blechman: ***Pigeons,*** New York 2006.

Brehms Tierleben, Bd. IX, *Vögel*, Hamburg 1953.

Jon Day: ***Homing. On pigeons, dwellings, and why we return,*** London 2019.

Astrid Dehe, Achim Engstler: ***Der flüchtige Ruhm des Herrn Neubronner,*** München 2017.

Sue Donaldson, Will Kymlicka: ***Zoopolis. Eine politische Theorie der Tierrechte,*** übers. v. Joachim Schulte, Berlin 2013.

Robert Epstein, Robert P. Lanza, B. F. Skinner: »Self-Awareness« in the Pigeon«, in: *Science*, Vol. 212, 8. 5. 1981, S. 695 f.

David Gibbs, Eustace Barnes, John Cox: ***Pigeons and Doves,*** London 2001 (2015).

Joel Greenberg: ***A Feathered River Across the Sky,*** New York 2014.

Thor Hanson: ***Federn. Ein Wunderwerk der Natur,*** übers. v. Meike Herrmann, Berlin 2016.

Donna J. Haraway: ***Unruhig bleiben. Die Verwandtschaft der Arten im Chthuluzän,*** übers. v. Karin Harrasser, Frankfurt a. M. 2018.

Sumie Iwasaki, Shigeru Watanabe, Kazuo Fujita: »Pigeons (*Columba livia*) know when they will need hints: prospective metacognition for reference memory?«, in: *Animal Cognition*, Vol. 21, 2, März 2018.

Sumie Iwasaki, Hika Kuroshima, Kazuo Fujita: »Pigeons Show Metamemory by Requesting Reduced Working Memory Loads«, in: *Animal Behaviour and Cognition*, 4. 4. 2019.

Colin Jerolmack: »How Pigeons Became Rats: The Cultural-Spatial Logic of Problem Animals«, in: *Social Problems,* Vol. 55, №1, Februar 2008.

Chas. L. Mann: »Die Wandertaube«, in: *Ornithologisches Centralblatt – Beiblatt zum Journal für Ornithologie* 6, 1881.

Ornithologists Publish Most Comprehensive Avian Tree of Life, sci-news.com/biology/science-avian-tree-life-03326.html (abgerufen 14. 11. 2020).

Chief Pokagon: *O-gî-mäw-kwě mit-i-gwä-kî (Queen of the Woods),* Hartford, Mich., 1899.

Chief Pokagon: »The Wild Pigeon of North America«, in: W. B. Mershon, *The Passenger Pigeon,* New York 1907.

Josef Reichholf: »Die Evolution des Brutparasitismus beim Kuckuck. *Cuculus canorus*«, in: *Verhandlungen der Ornithologischen Gesellschaft in Bayern* 23, 1982/83.

H. B. Roney: »Efforts to Check the Slaughter«, in: W. B. Mershon, *The Passenger Pigeon,* New York 1907.

Christian Rutz: »Predator Fitness Increases with Selectivity for Odd Prey«, in: *Current Biology* 22, 8. 5. 2012.

Beth Shapiro et al.: »Flight of the Dodo«, in: *Science,* Vol. 295, 1. 3. 2002

Viktor Wiese: *Stadttauben im Griff. Populationsmanagement – artgerecht und erfolgreich,* Stuttgart 2016.

Roswitha Wiltschko, Wolfgang Wiltschko: »Der Magnetkompass der Vögel und seine Entdeckungsgeschichte«, in: *Sitzungsberichte der Gesellschaft Naturforschender Freunde zu Berlin* (N. F.), Bd. 49, 12. 12. 2013.

Stefan Zweig: *Legenden,* Frankfurt a. M. 1959.

Abbildungsverzeichnis

Seite 69 und 72 *Königsberger Mohrenkopftümmler, Dänische Elster.* Illustrirtes Mustertauben-Buch, Hamburg 1884–1886.
Seite 75 *Eine Taubenbörse in Berlin,* nach einer Zeichnung von E. Hosang, 1895.
Seite 77 *Two Pigeons.* Mughal, Nordindien, ca. 1650.
Seite 79 *Brieftaube mit Fotokamera.* © Bundesarchiv, Bild 183-R01996 / CC-BY-SA 3.0.
Seite 80 *Brieftauben vom II. Bataillon Infanterieregiment.*
Seite 83 *British Western Front in France,* 1914–1918.
Seite 86 *Le Pigeon,* Pierre Puvis de Chavannes, 1871.
Seite 89 *Noahs Arche.* Speculum humanae salvationis, circa 1470–1480.
Seite 92 *La Colombe.* Pablo Picasso, 1948 © Succession Picasso / VG Bild-Kunst, Bonn 2021.
Seite 95 *Sie bringt den Frieden näher.* Plakat von F. Brantzky © Antiqua Print Gallery / Alamy Stock Photo.
Seite 97 Illustration aus: Tacuinum sanitatis, 14. Jh.
Seite 101 *Die Tauben des Venustempels* aus: *Die Gartenlaube,* Leipzig 1897, S. 281.
Seite 102 Privatbesitz der Autorin aus der Sammlung Till Passow.
Seite 106 *Vier Tauben,* Friedrich Wilhelm Kuhnert (1865–1926).
Seite 111 *Duiven,* Pieter Schenk (I), after Francis Barlow, 1675–1711.
Seite 114 *Feeding the pigeons in Trafalgar Square* © Henry Grant Collection / Museum of London.
Seite 118 *Harem Women Feeding Pigeons in a Courtyard.* Jean-Léon Gérôme (1824–1904).
Seite 121 *The Courtship.* Fred Hall (1860–1948), Creative Commons licence (CC BY-ND), Oil on panel, 33 × 23 cm, The George Bednar Donation, Penlee House Gallery & Museum, Penzance.
Seite 124 *Händler mit Taubenfutter.* C. W. Allers: Hochzeitsreise nach Italien, 1896.
Seite 127 *Tauben* © KollektivTod Verlag.
Seite 130 *Pigeon Couple Kiss* © Andrew Garn.
Seiten 135–155 Illustrationen von Falk Nordmann, Berlin 2021.

Karin Schneider, 1962 in Wuppertal geboren, studierte Religionswissenschaft und Ethnologie. Neben ihrer freiberuflichen Tätigkeit als Lektorin beschäftigt sie sich mit Phänomenen der Stadtnatur und den Wechselwirkungen zwischen menschlichen und nicht menschlichen Kulturen. Sie lebt und arbeitet in Berlin.

NATURKUNDEN № 69
Erste Auflage Berlin 2021

NATURKUNDEN
herausgegeben von Judith Schalansky
erscheinen bei Matthes & Seitz Berlin
ermöglicht durch Jan Szlovak, Hamburg

Göhrener Straße 7, 10437 Berlin
info@matthes-seitz-berlin.de
info@naturkunden.de

EINBAND UND TYPOGRAFIE Pauline Altmann, Berlin
nach einem Entwurf von Judith Schalansky
TITELILLUSTRATION Pauline Altmann, Berlin
SCHRIFT Ingeborg von Michael Hochleitner/Typejockeys
LITHOGRAFIE Tomas Mrazauskas, Berlin
HERSTELLUNG Hermann Zanier, Berlin
PAPIER 100 g/m² Fly 04 hochweiß, 1,2-faches Volumen
EINBANDMATERIAL Napura® Khepera von
Winter & Company GmbH, Lörrach
DRUCK UND BINDUNG Pustet, Regensburg

ISBN 978-3-7518-0204-8

www.naturkunden.de
www.matthes-seitz-berlin.de